孩子们看得懂的科学经典

物种起源

1 物种的诞生

张　楠　编著
梁红卫　绘

北京理工大学出版社
BEIJING INSTITUTE OF TECHNOLOGY PRESS

前言

亲爱的小读者，欢迎来到达尔文的世界。我们将一起走进一百多年前出版的《物种起源》，探索“进化”的奥秘！

在阅读本书之前，不妨思考一下：为什么我们长得像爸爸或妈妈？

你心中有答案了吗？达尔文告诉我们：父母会将身上的性状传给子女，这就是遗传。中国有句老话叫作“龙生龙，凤生凤，老鼠的儿子会打洞”，还有“种瓜得瓜，种豆得豆”来形容遗传。

那么，你在生活中见过双胞胎吗？他们的脸几乎一模一样，我们很难一下子指出谁大谁小。可是，他们之间一定存在细微的差异！可能是一个人脸上有痣而另一个人没有，也可能是一个人高一些而另一个人矮一些。这是因为世界上没有两片完全相同的树叶，更没有两个完全相同的人！大自然中的生物都如此，达尔文称这种现象为个体变异。

如此一来，我们便知道了：为什么一只猫生下的同一窝小猫，也没有长得完全一样的。

是不是很神奇？达尔文在《物种起源》里提到的可不止这些，他还在书中探讨了“我们是从哪里来”“变异的鸽子”“新物种是怎样产生的”“大自然是怎样选择生物的”等一系列有趣的问题。我们也将用三册书的内容，逐个破解达尔文的这些问题。

在第一卷“物种的诞生”中，我们会了解达尔文在《物种起源》中所持的核心论点。达尔文告诉我们“自然选择”和“人工选择”是什么，并表明自然选择源于生物间存在生存斗争，继而否定了“造物主”的存在：所有生物都有共同的祖先，经过亿万年的演化，才有了如今各种各样的生物。我们也会在这一卷结识沉迷养鸽的达尔文、被淘汰的黑色羔羊、秃头的鸟、生命树……

一个全新理论的诞生，必定会伴随着诸多争议，第二卷便是达尔文站在质疑者角度提出疑问，说别人的话，让别人无话可说！诸如不会飞的鸟、鼹鼠的眼睛、被取代的丘陵绵羊、北美洲的水貂、消失的本能、眼睛的进化、蜜蜂筑巢……其中达尔文对眼睛的研究尤其痴迷，连他自己都感叹：“如果说构造如此精巧的眼睛也是通过自然选择得来的，这种想法还真让人难以置信！”

第三卷是达尔文拿出证据证明他的理论，分别是地质古生物学证据、生物地理学证据、生物的分类、胚胎学、形态学、残迹器官证据等。

本套图书的一、二、三卷分别对应《物种起源》的前五章、六至九章、十至十五章这三个部分，还搭配了大量合适且生动的插图，让我们可以更充分理解大自然的神奇之处。

达尔文花了二十多年写成《物种起源》，书中先讲什么，后讲什么，他都做了精心的安排，我们在跟随达尔文的思路探索物种起源的同时，也将懂得如何向他人表达自己的观点、如何换位思考和如何说服他人。《物种起源》中不仅记录了大量有趣的知识，也富有智慧、充满哲理，将会成为我们未来人生道路上不可多得的宝贵财富！

就是现在，出发吧！让我们勇往直前，开始一场前所未有的奇妙旅程，一起探索“进化”的奥秘，朝着美好而精彩的未来出发！

目录

23
19

翻开这一页，
随达尔文一起
探索物种的
诞生规律！

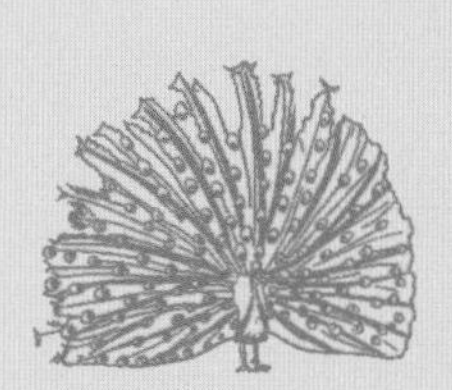

我们是从哪里来的？

你知道吗？截至目前，地球上已被命名的生物约有 200 万种。据科学家们估计，地球上物种的实际数量有 500 万种到 1 亿种！这说明，生物圈中的物种是非常丰富的。那么，你有没有思考过，地球上这么多的生物，包括人类在内，究竟是从何而来的呢？

上帝的“神创论”

对于万物的起源，中国的古代神话中有盘古开天辟地和女娲造人的故事。其他文明古国也有许多关于神创造天地万物的传说。要说对人类影响最大、流传最广的神创故事，便是古犹太人编写的《圣经》中的“上帝创世纪”。

《圣经》中写道：上帝，也就是主宰万物的神，仅花费6天时间，就将地球上包括人类在内的各种生物逐一创造了出来，而且这些物种基本上是固定不变的。也就是说，上帝在那几天创造了多少种生物，地球上就有多少种生物。

“神创论”的理论随着基督教

教会统治权的加强而得到巩固，一度成为西方民众心中不容置疑的“真理”。此后的很长一段时间里，人们都相信上帝创造了万物。

随着时间的推移，不少“证据”陆续浮出水面，开始反驳这个观点，可当时人们的思想很顽固，宁愿相信书上写的故事，也不愿意相信亲眼看到的事物！

1588 年，人们在爱尔兰的野外意外发现了一些鹿的化石。按照骨骼来看，这些鹿和麋鹿很像，却又不一样，由于身形巨大，且头上长着巨大无比的角，当时的人们叫它们大角鹿。

早在古希腊时期，西方人就对化石有所了解，知道那是动植物尸体化成的。但对于这种大角鹿，人们从没见过，也没听说过，就连古书上也没有记载。

于是，一些生物学家和考古学家便开始四处搜寻大角鹿的

踪迹。他们走访了无数个地方，都没找到大角鹿。换作现在的我们可能会猜想，这种生物会不会已经灭绝了呢？

不！那时候人们更相信《圣经》里写的另一个故事：上帝为了惩罚作恶的人类，普降暴雨，诺亚受到上帝的指示，提前造出了一艘大船救了许多生物，而没有上船的猛犸象、大角鹿等大型动物，都被洪水带来的泥沙掩埋，形成了化石。

一些学者的认知

到了 17 世纪，一些研究化石的西方学者们发现，某些曾经存在的动物确实从地球上消失了，也就是说，地球上曾发生过生物灭绝的现象。

1799 年，法国博物学家乔治·布封大胆地提出了自己的看法，他认为地球自形成以来不是一成不变的，地球上的生物也会随着环境、气候、营养而发生变化。在那个年代人们的眼中，布封简直就是一个疯子！

19 世纪初，伴随着地质学、生物学的兴起，更多博物学家走出了枯燥无味的研究室，亲身到野外探险，并敢于把自己的最新发现与相关理论公之于众。

1809 年，法国博物学巴蒂斯特 · 拉马克在《动物学哲学》一书中提出了较为完整的生物进化学说。他认为，物种是由古老生物不断地由低级向高级进化而来的，生物在新环境的影响下会发生变化，并能将这种变化遗传给下一代。

拉马克提出的观点大胆又新奇，这个消息传出后，引起了极大的轰动，也让他收获了大批粉丝。毕竟他是第一个提出了“进化论”概念的人。但拉马克可能想不到，仅过了几十年，他的理论就被自己的一个叫达尔文的小粉丝给推翻了。

达尔文的科学考察之旅

达尔文从剑桥完成学业后，经过植物学家约翰 · 亨斯娄教授的引荐，有幸以博物学家的身份参加英国皇家海军贝格尔号的环球考察。

刚登船时，达尔文还是一个总爱把上帝挂在嘴边的神学院

学生，常被水手们嘲笑。在近五年的科学考察期间，达尔文登陆了不少海岛，见了象龟、鬣蜥，以及各种动植物化石，采集了数千份动植物标本。

当看到分布在加拉帕戈斯群岛上的各种各样的地雀时，达尔文也对“上帝逐一创造了各种物种”的理论产生了疑问。难道上帝会在各个小岛上分别创造各种不同种类的地雀吗？

1836 年，达尔文回到英国，找到相关专家帮他鉴定采集回来的标本。鸟类学家约翰·古尔德很快给了达尔文答案，加拉帕戈斯群岛上的十几种地雀都属于不同的物种！

达尔文整理着考察笔记，与其他科学家交流了自己的想法，逐渐，一个伟大的理论在他脑子里形成了：物种是变化的，包括人类在内的各种生物都是在漫长的时间内经过自然选择逐渐演化而来的。

知识链接：雕齿兽和犰狳

达尔文从海岛上带回了许多动植物化石。从其的一件雕齿兽的化石分析来看，它和现代犰狳（qiú yú）长得极为相似。例如，它们的背上都有由鳞片组成的、厚厚的背甲，四肢强健且爪子锋利。

仔细推敲便能发现二者的区别。例如雕齿兽的背部覆盖着一块完整的背甲，而犰狳的背甲由好几块背甲拼接而成。另外，二者在体形上也有区别，雕齿兽体形较大，是犰狳的好几倍，体重也要比犰狳重很多。

他的这个想法，把自己都吓了一跳！因为当时大家都认为物种是固定不变的。即使达尔文有证据证明他的观点，也很难让他人相信物种是变化的。所以，他就从大家都熟悉的家养动物和栽培植物的变异开始讲起……

在大千世界里找不同

你玩过一种叫“找不同”的游戏吗？拿出两幅图，上面的人物、动物或者植物看起来都是相同的，通过仔细观察可以发现，两幅图上看似相同的物体，在颜色、形状、大小、数量等方面都可能存在差别，如果能将两幅图中的不同之处全部找出，那么恭喜你获得了本轮游戏的胜利！在我们熟悉的大自然中，这种“找不同”的游戏也无处不在。

在动物园里，你可能注意到了，有的松鼠是黑色的，有的松鼠是灰黑色的，还有的松鼠是棕褐色的；有些斑马的斑纹宽，有些斑马的斑纹窄；就连两只外表看不出区别的东北虎，它们身上的条纹也不一样！

这种明显的或者细微的差别，被达尔文称作个体变异。

达尔文虽然知道了变异，但却没能搞懂变异产生的原因，因为那时他还不知道基因（遗传因子）的存在，但他却做出了许多大胆的猜测。

他认为，一些变异可能与习性有关。比如，将植物迁移到不同的气候区，该植物的开花期就会发生改变。再比如，人们家中养的鸭子的翅骨较野鸭的翅骨轻许多，腿骨却比野鸭的腿骨重不少，这可能是因为家养的鸭子比野鸭的飞行量少，而行走得更多了。

另外，达尔文还注意生活条件的不同也可能导致一些轻微变异出现。比如在气候寒冷的地区，动物的皮毛往往较厚；在食物充足的条件下，动物往往个头壮硕。

太神奇了！有了变异，我们生存的世界才如此的丰富多彩。可是这些“差别”如何能在后代子孙身上呈现出来呢？虽然没弄明白变异发生的原因，但达尔文相信，变异一定是可以通过“遗传”传递给下一代的。

为什么子女和父母长得很像？

有的孩子长得和父母很像。可是，尽管有的孩子长得很像妈妈，但又和妈妈不完全一样，可能眼睛像妈妈，但是嘴唇像爸爸。

通过观察，我们不难发现，在一个大家庭当中，父母和子女之间、兄弟姐妹之间，从来都没有长得一模一样的，就连双胞胎之间也不会长得完全一样。这种现象是怎么产生的呢？是因为“遗传”哦！

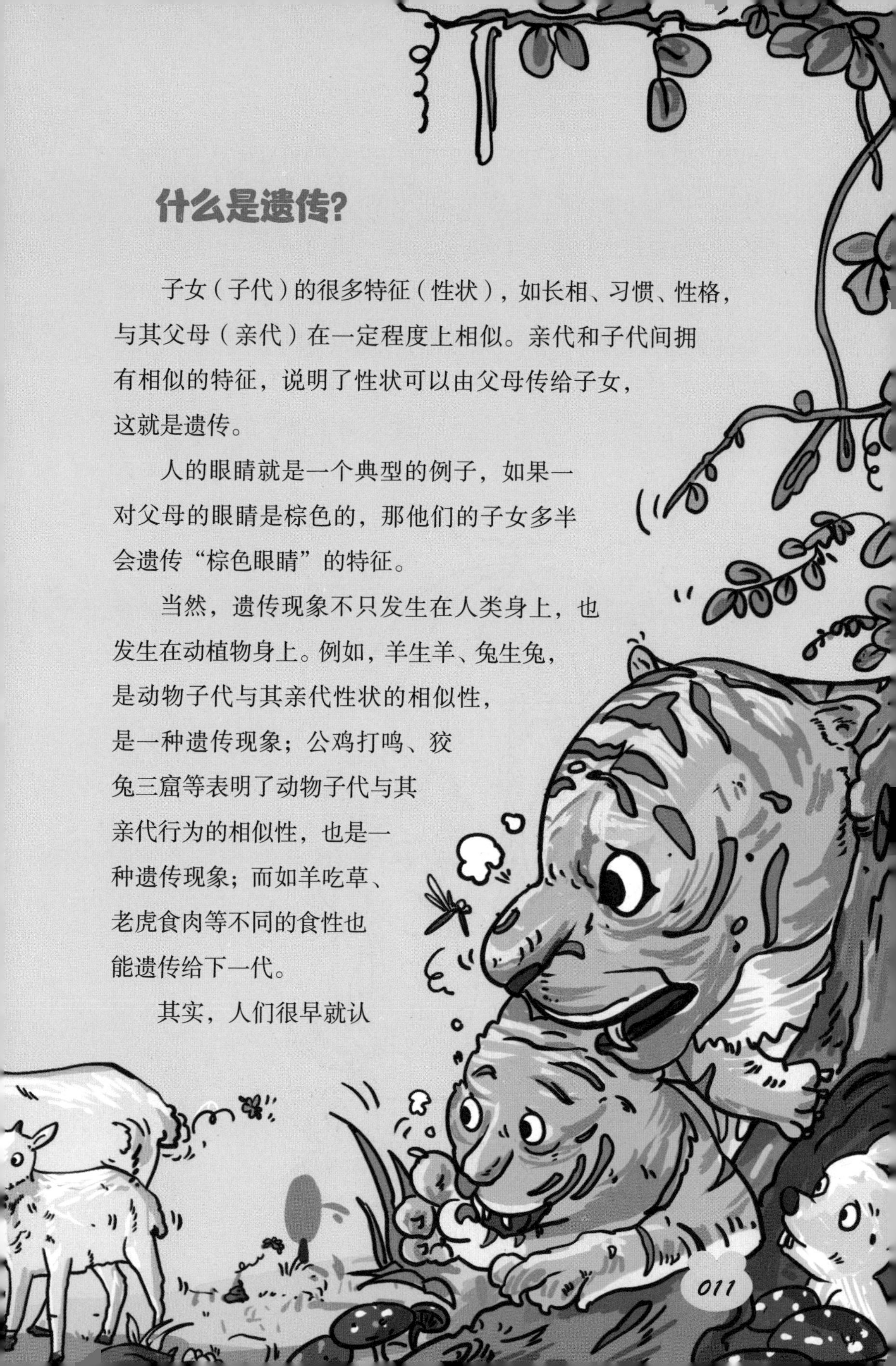

什么是遗传?

子女（子代）的很多特征（性状），如长相、习惯、性格，与其父母（亲代）在一定程度上相似。亲代和子代间拥有相似的特征，说明了性状可以由父母传给子女，这就是遗传。

人的眼睛就是一个典型的例子，如果一对父母的眼睛是棕色的，那他们的子女多半会遗传“棕色眼睛”的特征。

当然，遗传现象不只发生在人类身上，也发生在动植物身上。例如，羊生羊、兔生兔，是动物子代与其亲代性状的相似性，是一种遗传现象；公鸡打鸣、狡兔三窟等表明了动物子代与其亲代行为的相似性，也是一种遗传现象；而如羊吃草、老虎食肉等不同的食性也能遗传给下一代。

其实，人们很早就认

识到了自然界中的“遗传”现象，并用生动的语言记录了下来，比如中国有句老话叫“龙生龙，凤生凤，老鼠的儿子会打洞”，还有“种瓜得瓜，种豆得豆”。

聪明的达尔文当然也注意到了遗传现象，他通过观察和研究发现，那些得白化病的人和皮肤患有毛周角化症（俗称“鸡皮肤”）的人，以及身体多毛的人的家庭成员当中，往往有好几个人身上也存在着和他们一样的特征（通过遗传得来）。由此，达尔文想到，既然这些奇怪的变异能遗传，那么普通的变异也应该能遗传。

即使如此，关于遗传的诸多法则仍旧是未知的。比如，为什么孙辈的后代身上常能出现和祖父或祖母，

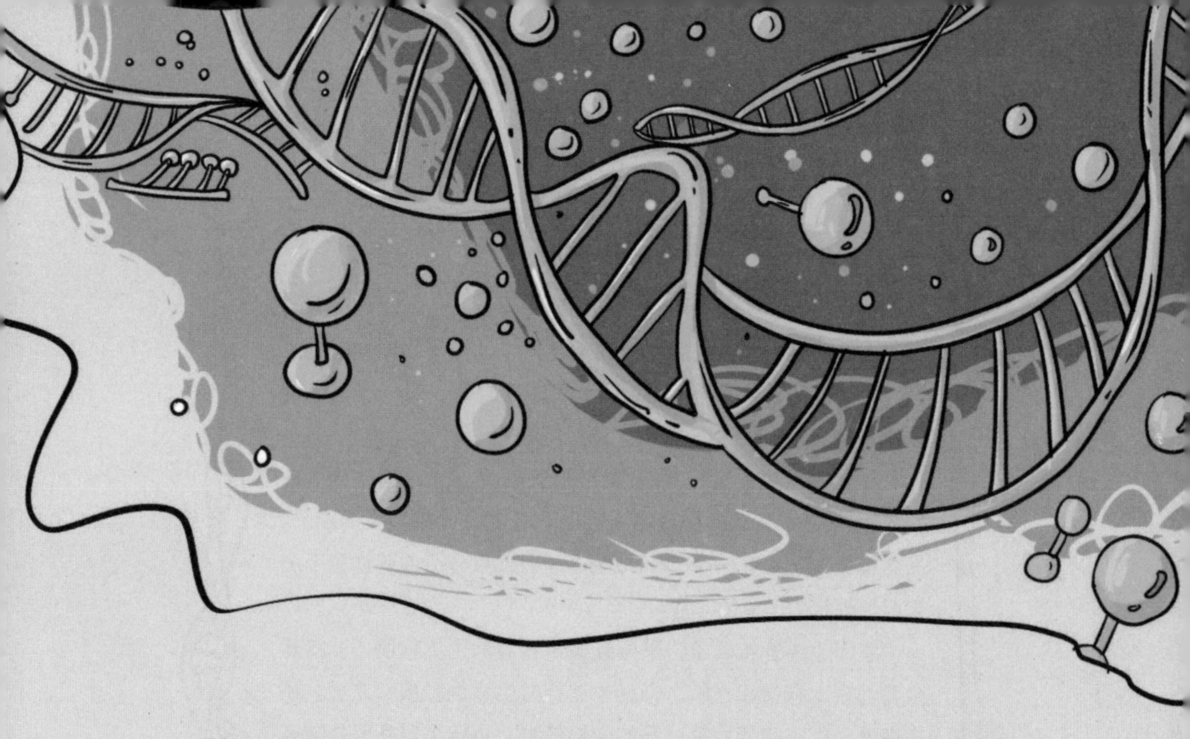

甚至其他更远祖先的一些特征呢？为什么一些特征只能遗传给和自己同性别的后代身上呢？比如家养的雄性动物只将自身的大部分特征传给雄性后代。

达尔文当时之所以有着这么多难以解答的疑问，是因为他没有搞清楚究竟是什么在支配着遗传。现如今，我们已经能轻松解答达尔文的疑问了，遗传的真正幕后推手就是“基因”。

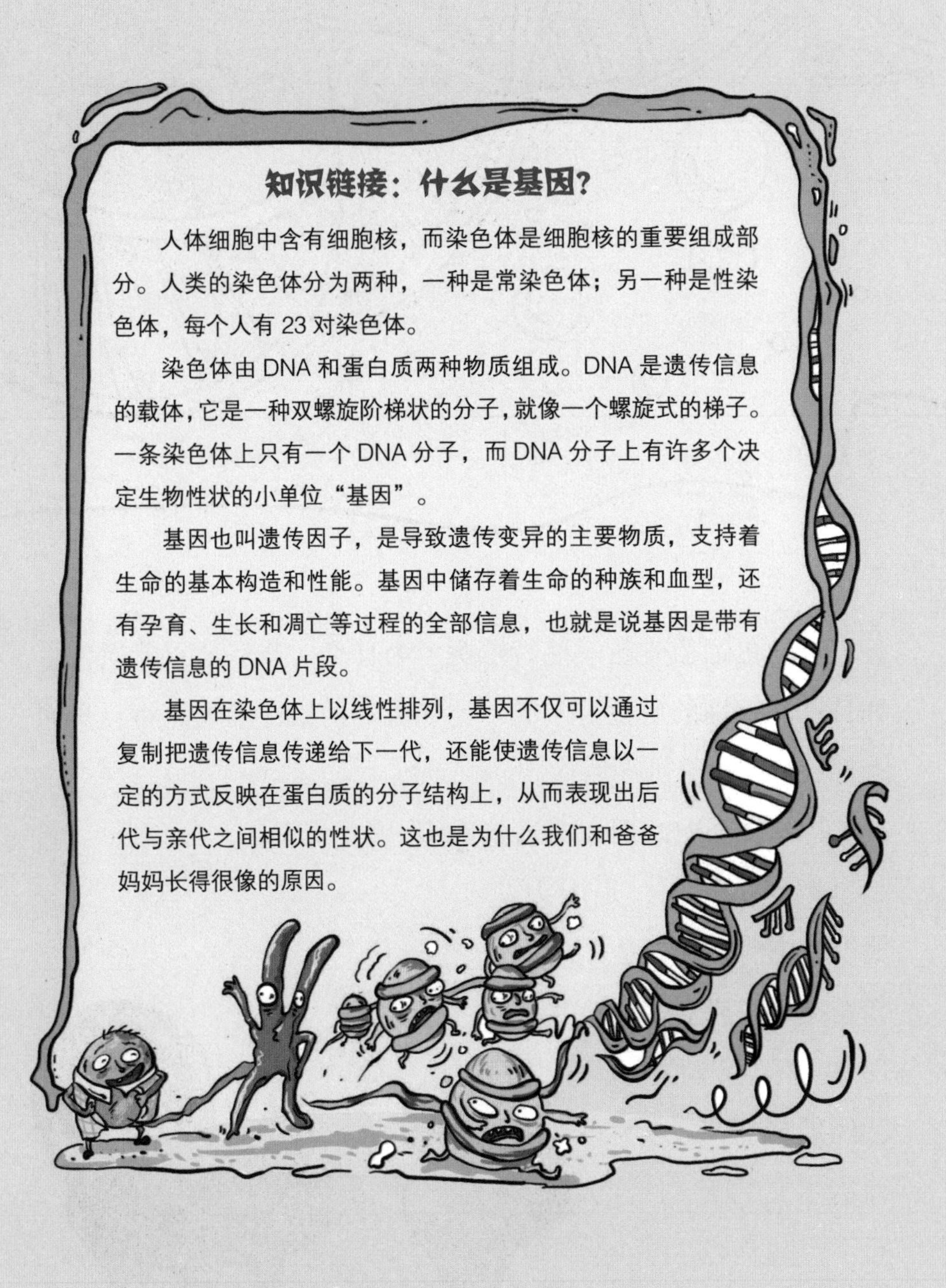

双胞胎的差异

我们已经知道，由于遗传了父母的“基因”，孩子长得和爸爸妈妈很像。但是我们认真观察便会发现，无论孩子和父母长得如何相像，都不可能完全一样！

即便在同一个家庭中，也从来没有长得完全一样的人，就连看似长得一样的双胞胎，也存在着差异。这种差异就是个体差异。个体差异不仅存在于人类之间，也存在于生物之间。

因为有了变异，物种才具有多样性。如果没有变异，人们都长成一个样子，谁是谁都分不清了。遗传是子代和亲代之间的相似现象，遗传保证了物种的稳定性，如果没有遗传，生物将不能延续和繁衍。

遗传和变异就像进化的左右手，它们相互配合，推动着生物的进化。

热情的养鸽人

19世纪中叶，英国的经济发展进入鼎盛时期。当时整个英国社会掀起了一股养鸽、赛鸽热潮，从社会底层的矿工、纺织工到王室贵族，甚至连伊丽莎白女王也热情参与养鸽，还带着鸽子去参加比赛。在当时对鸽子着迷的人中，还有一位科学家——达尔文。

沉迷养鸽的达尔文

1855年，达尔文完成了《物种起源》大部分稿件的撰写，由于文章内容过于专业，晦涩难懂，迟

迟未能发表，达尔文为此感到十分苦恼。当时英国正盛行赛鸽活动，连伊丽莎白女王都带头参与赛鸽。受到这样的影响，达尔文也开始养鸽，还把这些鸽子当成研究对象，越来越沉迷其中。达尔文曾在给他的好友地质学家查尔斯·莱尔的信中写道：“我要给你看我养的鸽子！在我看来，没有什么事比养鸽子更有乐趣了！”

另外，达尔文还把对鸽子的研究成果作为论据，写在了《物种起源》中，使这部书让人不至于太难理解。当时一位出版社的编辑读到达尔文的文稿后，认为他写的养鸽子部分的内容非常有趣，再加上当时大多数英国人喜爱养鸽，因此建议达尔文删掉书中的一些内容，多写养鸽的知识，把它变成一本专门讨论养鸽方法的书，定会大受欢迎的。

达尔文拒绝了这位编辑的建议，因为他养鸽既不是为了玩赏，也不是为了出名，而是为了科学研究。

想想，如果达尔文当时没有坚持自己写进化论的初心，同意了编辑的建议，我们现在所读到的可能就不是伟大的生物学著作《物种起源》，而是《鸽种起源》了。

各种家鸽的差异

在编写《物种起源》时，达尔文认为，选择一个特殊的类群作为研究对象是不错的方法。思考之后，他决定把当时风靡英国的家鸽，作为研究对象。

为了研究，达尔文几乎买下了当时市场上能见到的所有家鸽品种。经过对比，达尔文发现了各种家鸽之间的差别，结果让人大跌眼镜！

雄性英国信鸽，脑袋四周不仅长着奇特的肉突，外鼻孔还极其的大；短面翻飞鸽喜欢成群结队地在空中翻筋斗；侏儒鸽体形很大，喙又长又粗，脚也非常大；凸胸鸽看起来憨态十足，除了长有一双大长腿外，它还长着发育异常的嗉囊，当嗉囊膨

胀时，凸胸鸽仿佛成为自信的大力水手，走起路来得意洋洋；普通鸽子的尾部通常长有12 ~ 14支尾羽，而扇尾鸽的尾羽竟然有30 ~ 40支，这些尾羽如同扇子一般展开，十分美丽；毛领鸽颈部的羽毛是沿着颈背向前倒竖着生长的，就像戴着一顶羽冠；喇叭鸽和笑鸽会发出“咕咕”的叫声，就像人们开怀大笑时发出的声音……

看到如此多长相迥然不同的鸽子，达尔文断定，如果把从中选出的20多种家鸽拿给鸟类专家去鉴别，

并告诉他们这些都是野生的鸽子，那他也一定会把这些鸽子划分成完全不同的物种！

家鸽的起源

达尔文繁育家鸽多年后发现，各种家鸽间存在着极大的差异。但他充分相信博物学家们的普遍意见，即所有家鸽的品种都是由它们的共同祖先——岩鸽繁衍而来的。

这是因为诸多家鸽品种不仅与野生岩鸽在体质、习性、声音、颜色、构造上有相似之处，让它们杂交后，生出的后代依然具有正常的生育能力，这表明它们属于同一个物种。

如果这些鸽子不是岩鸽的“后代”，至少也要有七八种原始鸽种留存下来，才能繁衍出现在这么多的变种。那也就意味着，远古时期的人们不仅成功地驯化了好几个鸽种，而且还有意识地选择出那种畸形的鸽种，才能繁衍出现如今这么多看似“畸形”的家鸽。处在半开化时期的人类，能拥有这样的意识吗？

达尔文找遍了整个鸠鸽科，怎么也找不出哪种鸽子有像短面飞鸽和英国信鸽那样的喙，以及像毛领鸽那样倒生的羽毛，更没有像凸胸鸽那样膨大的嗉囊和像扇尾鸽那样的伞状尾羽。难道这些原始鸽种都灭绝了吗？

可是，具有和家鸽相似性状和习性的野生岩鸽还活得好好的，别的原始鸽种又怎么会全部灭绝了呢？所以家鸽祖先多源的说法就站不住脚了。

野生岩鸽是石青色的，尾部有白边。翅膀上有两条黑纹。一部分家养的鸽子或是野生鸽子都显现出了以上性状。一些鸽子即使身上没有，但是让它们杂交出来的后代，却出现了以上性状，这说明后代出现了返祖现象。

鸽子的共同祖先是岩鸽，那为何属于同一物种的鸽子，它们的外观差异如此之大呢？

达尔文认为，在自然状态下，物种变异的速度是缓慢的，是人类的“干预”加速了变异的进程。由于人类长期驯养，并在短时间内根据自己喜好筛选出变异的鸽子，还把它们培育成了新品种，导致变异鸽子的数量越来越多，这是人类“有意识的选择”的结果。

宠物是怎么出现的？

达尔文饲养了那么多变异的鸽子，是不是很有趣？不仅如此，达尔文经过多年的研究，还总结出了一条有关变异的神秘定律——生长相关律：“没毛的狗，牙齿也长不齐；毛长或者毛粗的动物，头上通常长着长角或多只角；脚上有毛的

鸽子，外趾间有皮；嘴巴短的鸽子脚小，嘴巴长的鸽子脚大。”这条定律太棒了！人们知道后，是不是就可以培育出很多种自己喜欢的动物来呢？

精心培育出的良种

很久以前，牧场里的养殖工在挤奶时，会格外留意那些产奶多的奶牛，并用上好的饲料精心喂养，用它们来培育出同样能多产奶的后代；那些漂亮苗圃里的园艺师在修剪玫瑰花枝时，会剪掉枯枝败叶，以及发育不良的小花朵，再刻意将漂亮的大

花朵保留下来。因此，那些能下很多蛋的母鸡、能生长出暖和柔软羊毛的绵羊、对人类忠诚又有看家本领的猎犬，以及长得漂亮、跑得又快的马等“优良”品种，全因人们的特殊关照而保留了下来。

你有没有发现什么奇怪的现象呢？

没错，我们现如今看到的家养的动植物，其实和它们过去的样子相差得都很远了，它们的家养构造和习性，已经为了适应人类的喜好或者向着人类希望的方向发展而产生了巨大改变，这就是人们长久以来不断选择、不断淘汰的结果。

通过“人工选择”，人们有意识地筛选出令人赏心悦目或者对人类自身有利的变异动植物，从而培育出最合适的品种。久而久之，它们的变异就会得到强化，变得与过去迥然不同。

人工选择的魔力

据达尔文了解，一些优秀的饲养者仅用几十年就让他们饲养的牛和羊的品种发生了极大的变化。养鸽高手约翰·西布莱特爵士表示，他能在三年之内培育出羽毛各异的家鸽，而想要培育出头部或者喙有特点的鸽子，仅用六年时间就足够了。

由此可见，在人工选择下，动物的变异进程是多么快速。

培育植物也一样会看到惊人的效果。让园艺师拿出现在的珍贵花卉品种去和 10 年前或者 30 年前的花卉品种做比较就能发现，它们的样子一定发生了很大的变化。

在达尔文生活的年代，人们已经注意到了选择原理对美利奴羊的重要性，有些人甚至把筛选这种羊变成了一种职业。他们将整只羊放在桌子上，像艺术家鉴赏名画一样去研究，先在它的身上做上记号，最后用最优良的品种培育羔羊。毕竟谁也不想用劣质的品种育种吧！

人工选择就像魔术师的魔法棒，有了这根“魔法棒”，植物学家、园艺师、动物饲养者等一切爱好研究这方面的学者，都能够随心所欲地将动植物培育成自己喜欢的样子啦。

结果往往出乎意料

家养的各种动植物为什么往往会出现畸形的性状呢？就像达尔文养的家鸽中外形非常突出的凸胸鸽和扇尾鸽那样。

这一点可以说是由人类的好奇心造成的。比如，在一群长得几乎一样的鸽子中，有一只鸽子的嗉囊发育得出奇大，人们觉得它的样子滑稽，就用它来繁育大嗉囊的鸽子，以供观赏。

人类的好奇心太重啦，所以眼睛总是先看到那些与众不同的事物，并把这些事物本身带有的稀奇特征加以培育。

“当一个人发现一只鸽子的尾巴翘起来了，他可能会想到培育一种扇尾鸽；如果这个人发现一只鸽子的嗉囊鼓鼓的，可能就会想到培育一种凸胸鸽。”

任何性状最初被人们发现时，越是畸形，越能引起人们的注意。谁让人类有着那么重的好奇心，总是能发现一些稀奇古怪的东西呢！

人类除了有意识的选择外，还有一种“无意识”的选择，即人们根本没有预想过的变化出现了。

这种变化是在不经意间发生的，发展的速度也较为缓慢。

例如，两个牧羊人在同一个农场主那里买了同一品种的羊，分别带回去饲养。多年以后，两个牧羊人再见面时，发现两种羊的差异非常大，就像两个不同的变种（变种指的是子代与亲代不同，发生了变异的物种）！这是怎么回事呢？

这是因为两个饲养者养羊的环境不同，给它们吃的草料等也存在差异，人们这种无意识的管理，使同一种羊的特征或习性不知不觉发生了不同的变化。

如何区分物种、亚种和变种？

达尔文认为，物种是变化的，会随着时间的推移而发生各种各样的变异。这些变异逐渐分化，经过长时间累积后，最终有可能形成一种新物种。从物种到新物种的进化过程十分漫长且艰难，一切还要从物种的个体差异开始讲起。

择优录取

前面举过一个例子，同一对父母生的孩子，即使遗传了父母的样貌，也不可能长得和父母完全一样，就连双胞胎也不例外。

家养的动物诞下的后代可能样貌迥异，而野生动物的后代之间也存在差异，比如出生在野外的同一窝小豹子，身上的纹路也不相同。

达尔文说我们可以把同一对父母生育的子女间的一些差异，叫作个体差异，个体差异是因遗传过程中的突变导致的。

千万不要小看个体差异，正如前面我们讲过的，大自然中生物的细微差异被人类挑选出来，精心培育成了各种满足人类喜好的家养动植物。在野生环境中，个体差异同样也被大自然关注，并“则优”挑选出来。经过自然选择，有利于生物生存的变异会被保留下来，并通过遗传来传递给下一代，经

过一代代的筛选与累积，个体差异的分化越来越大，最终出现了新物种。由此可见，个体差异对于丰富物种的多样性至关重要。

物种、亚种和变种的概念

什么是物种？

物种简称“种”，是生物分类的基本单位，也指有部分相同形态特征和生理特征的生物类群。同一物种的个体间拥有相同的遗传性状，在自然环境中，同种的生物个体之间可以自由交配，从而繁殖出后代，而且这些后代同样具有繁殖下一代的能力。

比如羊是一个物种，羊和羊交配后可以生出小羊，而小羊长大后还能继续繁殖后代。而羊和鸡就不能交配，更不可能繁殖出后代，它们属于两个物种，两者之间存在着生殖隔离。

种以下的分类单位——亚种

亚种可以理解为同一种内的、分布在不同地域的生物类群，由于受生存地的地理环境、生态、气候等因素影响，在形态或生

知识链接：生殖隔离

因为各方面因素，导致亲缘相近的两个类群在自然条件下不交配，或交配后繁衍出的后代不具有繁殖能力，即生殖隔离。马和驴是个很好的例子。马和驴交配后，可以生出骡子，但是骡子不具有繁殖能力，不能够继续繁育后代。

理上发生了变异，即变成了两个亚种。

沙漠狼（阿拉伯狼）和北极狼（白狼）虽然生活环境截然不同，习性也大不相同，但它们都属于灰狼种的亚种。现存的东北虎、华南虎、孟加拉虎、苏门答腊虎、印度支那虎都是虎的亚种。

东北虎

华南虎

孟加拉虎

苏门达腊虎

印度支那虎

种以下的分类单位——变种

变种可以简单地理解为变异的物种，其分布范围比亚种小。达尔文认为，变种和物种之间的界限很难界定，物种更像特征差异较大的不同个变种。

哪个是物种，哪个是变种?

与家养动植物相比，在野生环境下，动植物的变异更加复杂，因此外形或构造相近的动植物很多。那么应该如何区分生物到底是物种还是变种呢?

正如“世界上没有两片完全相同的树叶”，生长在同一地区的同一个物种的个体也存在差异。

某些个体既拥有这个物种的特征，又与另一物种有相似的性状，博物学家们多半不会将这样的疑似物种定义为一个独立的物种，他们会分析这些拥有相同过渡性状的生物个体，然后习惯把数量多的一方定义为物种，把数量少的一方视为它的变种。

博物学家们鉴定某一类生物是物种还是变种时,通常凭借自己的经验。能力出众的博物学家判定了某些生物是物种，而另一些有能力的博物学家则认为它们是变种。当双方的意见出现分歧时，就需

要多个博物学家来共同商讨并表决了。最终的结果，往往是少数人服从多数人的意见。

达尔文号称，有位叫巴顿的生物学家在一个属（种的上一级分类）下列出了 251 个物种，而另一位生物学家仅在这个属下列出了 112 个物种，居然相差了 139 个物种！

可见，人的主观判断会导致最终结果出现很多不确定性。

新物种的诞生

博物学家们习惯找出个体之间的共同过渡性状，并以此来区分物种和变种，而达尔文更注意生物的个体差异。他认为，物种是从个体差异开始，一步步走向变种、雏形种，最后才形成了新物种。

连续性过程

达尔文不仅注意到个体间的细小差异，甚至推断出了生物“连续性”的进化过程，即自然界物种种内的个体先有了细微变异，再经过持续的遗传和变异，这些差异便逐渐累积起来，使同一物种间的个体发生了不同程度的轻微变异。

随着时间的推移，一些变种又进化成了和原物种差距越来越大的雏形直至最后“改头换面”成为新物种。雏形种虽然仍处于进化之中，但雏形种其实已经十分接近新物种的“面孔”。

东北虎和华南虎虽然都是虎的亚种，但它们仍处于进化阶段，如果后期继续发生变异，可能会变成完全不同的两个物种。

不过，一种生物从个体差异过渡到轻微变种，再从变种成为雏形种，最终形成新物种，这个过程可不是像魔法师晃动一

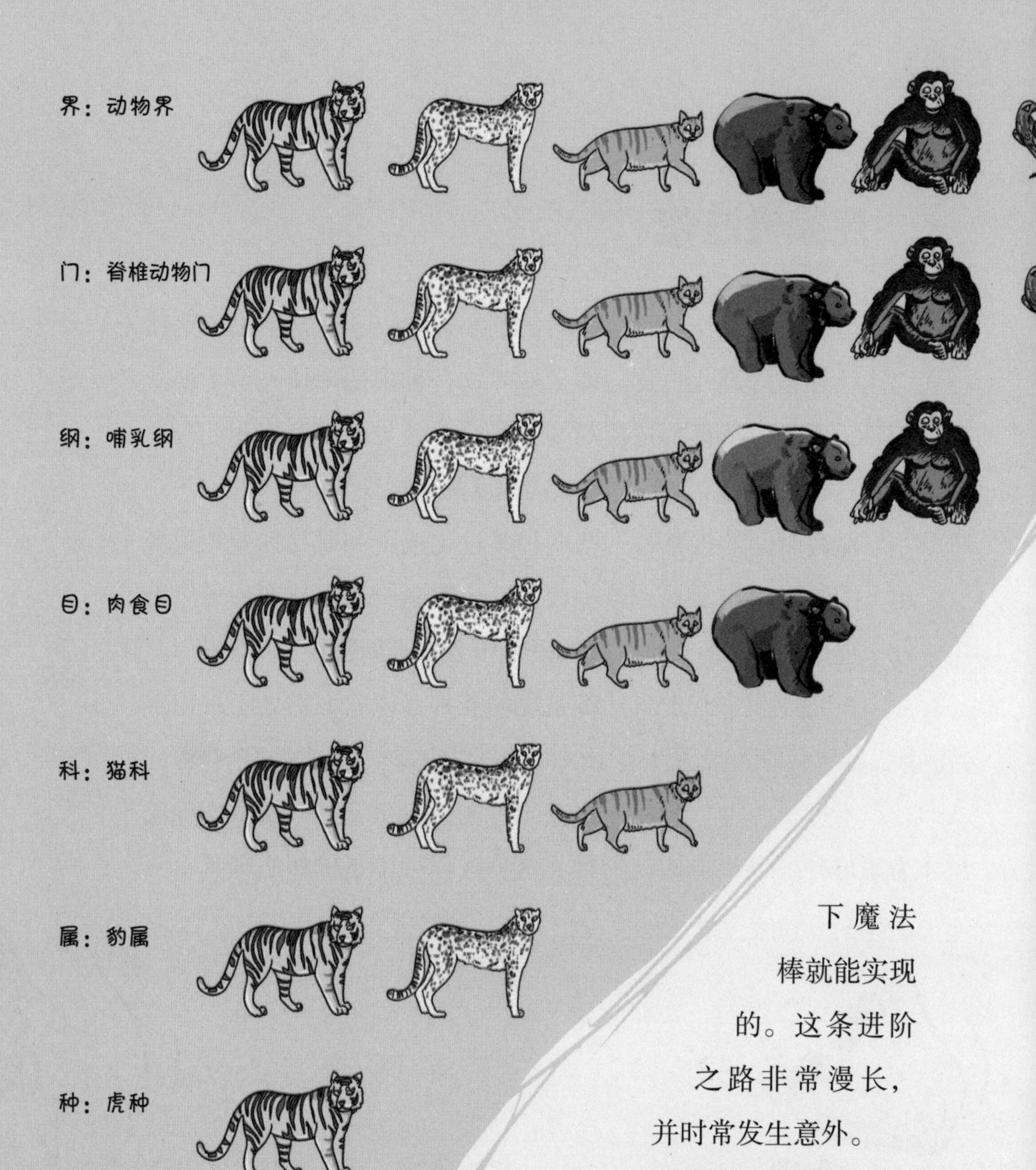

下魔法棒就能实现的。这条进阶之路非常漫长，并时常发生意外。有些物种“历尽千辛”已经发展为变种或者雏形种了，却由于遭遇风暴、洪水、火山喷发等自然灾害或者人类和其

他动物的伤害而毁于一旦。还有一些物种已经成为雏形种，距离成功（变成物种），只有一步之遥，却因人类的行为或者大自然的干预，永远停留在了这个阶段。

生物的阶梯式分类

科学家们依据生物的形态结构和生理功能等方面的相似性和差异性给生物命名并按等级分类，目的是梳理不同生物之间的亲缘关系和进化关系。

生物分类学最初由瑞典生物学家林奈提出，后来经过科学家们的不断优化，把生物划分出由高到低的阶梯式等级，即界、门、纲、目、科、属、种7类。可以简单理解为：种是生物分类的基本单位，亲缘关系近的不同种生物，归同一个属；亲缘关系近的不同属生物，归同一个科里；亲缘关系近的不同科生物，归同一个目……依次类推，最后，亲缘关系近的不同门生物，归同一个界。

由此可知，在这个阶梯式等级分类中，等级越高的生物拥有的共同点越少，等级越低的生物拥有的共同点越多。

大属与小属

生物分类学上将生物大致分为 7 个等级，而每个等级之下又有大小不同的多个类群。例如，在属一级里，人属目前仅存“智人”这一个种，而豹属中则有狮、虎、美洲豹（虎）、雪豹、豹 5 个种，蔷薇花属里有 300 多个种。达尔文将包含物种多的属称为大属，将包含物种少的属称为小属，他认为，大属中物种的变异比小属中物种的变异次数更多，因为大属中的物种数量更多，产生更多变种的概率也就更高。

知识链接：人种

人种是指拥有着共同遗传特征的人类群体，也被称作种族。世界上有四大人种，即白种人、黑种人、黄种人和棕种人。不同种族之间的人可以交配并生育后代，尽管各个人种的肤色不同，但大家都属于同一个物种——智人。

荒野中的斗士

大自然是所有生物的共同家园，它生机勃勃。它为动植物提供了新鲜的空气、充足的阳光和干净的水源，但也有令动植物胆战心惊的残酷一面，比如风暴、海啸、火山喷发、泥石流、干旱等残酷的自然灾害，也有酷热、极寒等恶劣的气候环境，这使全部生命体面临着严峻的生存斗争！

达尔文认为，一种生物为了生存得更顺利，不得不发生一些对自身更加有利的变异，以此来与残酷的自然环境做斗争。因此就产生了各种个体差异，继而就有了变种、雏形种，最后发展为独立的物种。这个过程听起来简单，却是每种生物历经劫难后的结果。

仙人掌为什么长满了刺？

生物斗争无时无刻不在进行着，相信每种生物都在残酷的自然环境中试探着做出改变，以求得到最后的生机，继而繁衍后代。可以说，植物与环境的斗争十分残酷。

由于南极、北极两地极其寒冷，常年被冰雪覆盖，生存在那里的动物们大都靠着肥厚的脂肪和厚厚的皮毛来抵御寒冷。

即使在这样的恶劣环境下，仍然顽强生存着大量的植物。这些植物大都把自己的身高“变得”很低，低到几乎贴在了地面上，这样是为了能承受更多的积雪压力，从而积蓄更多的能量来抗御寒冷。

无论生长在哪里，植物都需要吸收一些水分。生长在沙漠中的植物想要获得水分十分不易，持续的高温和强烈的阳光照射，会使大量水分蒸发，如果植物自身不耐热或者无法储存一定的水，那么它就无法在沙漠中立足。

比如仙人掌等沙漠中的植物，需要通过对抗干燥的环境来为自己博得生存空间，因此它的叶子慢慢发育成了针状，水分则被储存在肥厚的叶片中。

这样的例子在大自然中比比皆是：含羞草为了适应多雨的环境，叶子可以卷起来，以防止因遭受风雨的摧残而受伤；有的植物为了能够吸引昆虫来为自己传粉，开出比同类植物更加芳香、艳丽的花朵……这些都可以看作植物在和生存环境做斗争。

达尔文说过："有的植物一年能结出 1000 粒种子，但其中只有几粒种子可以开花、结果，以繁衍后代。"由此可见，植物的生存斗争多么激烈！

长颈鹿的长脖子

长颈鹿的脖子为什么那样长呢？有的小朋友可能会说，这样它才能吃到高处的树叶啊！很久以前，法国生物学家拉马克也给出了同样的答案，他还提出了两个著名的原则，即"用进废退"和"获得性遗传"。

拉马克用长颈鹿举例子。他号称，远古的长颈鹿脖子本来没有这么长，但随着其所在地区的气候越来越干旱，位置低矮的树叶和牧草就变得越来越稀少。为了生存，长颈鹿只好用尽力气，伸长脖子来采食高大树木的树叶。久而久之，长颈鹿的脖子由于经常向上伸展而变长了一点。脖子稍长一点的长颈鹿把“长脖子”的特征遗传给了它的后代，它的后代又传给了下一代，这样一代代繁衍下去，就成了现在的长颈鹿。

拉马克的回答似乎很合理，但这就是正确的吗？

NO！

有的爸爸很喜欢健身，锻炼出一身强健的肌肉，可他的孩

子未必跟他一样强壮；有的科学家大脑很聪明，但他的孩子不一定就适合当科学家。也就是说，后天努力的成果没办法遗传给下一代。

达尔文很早就知道了拉马克的进化理论，但他后来通过大量的研究发现，拉马克的理论是错误的。

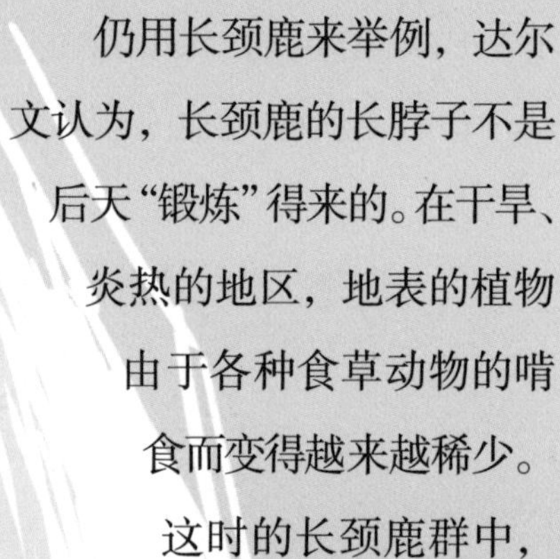

仍用长颈鹿来举例，达尔文认为，长颈鹿的长脖子不是后天“锻炼”得来的。在干旱、炎热的地区，地表的植物由于各种食草动物的啃食而变得越来越稀少。这时的长颈鹿群中，脖子长一点的因为能吃到高处的食物而生存下来，还成功繁衍了下一代；而脖子短的长颈鹿就会因为吃不到食物而饿死，无法留下后代。

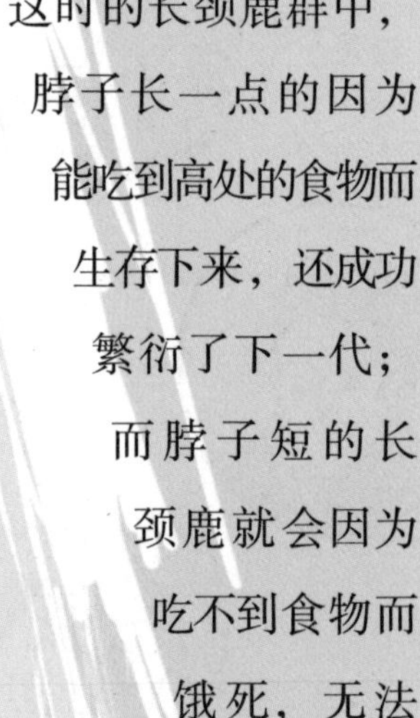

那些变异了的长脖子长颈鹿，它们的后代中有很大概率长出同样的长脖子，通过一代代的累积，脖子长的长颈鹿就活到了现在，脖子短的长颈鹿逐渐灭绝了。

由此我们便发现了生存斗争与自然选择的关系。由于生存斗争，生物逐渐为了生存而发生各种变异，大自然会“选择”将利于生物的变异保留并累积起来，最后便可能形成新的物种，至于那些无法适应新环境的动植物就不得不被自然淘汰。

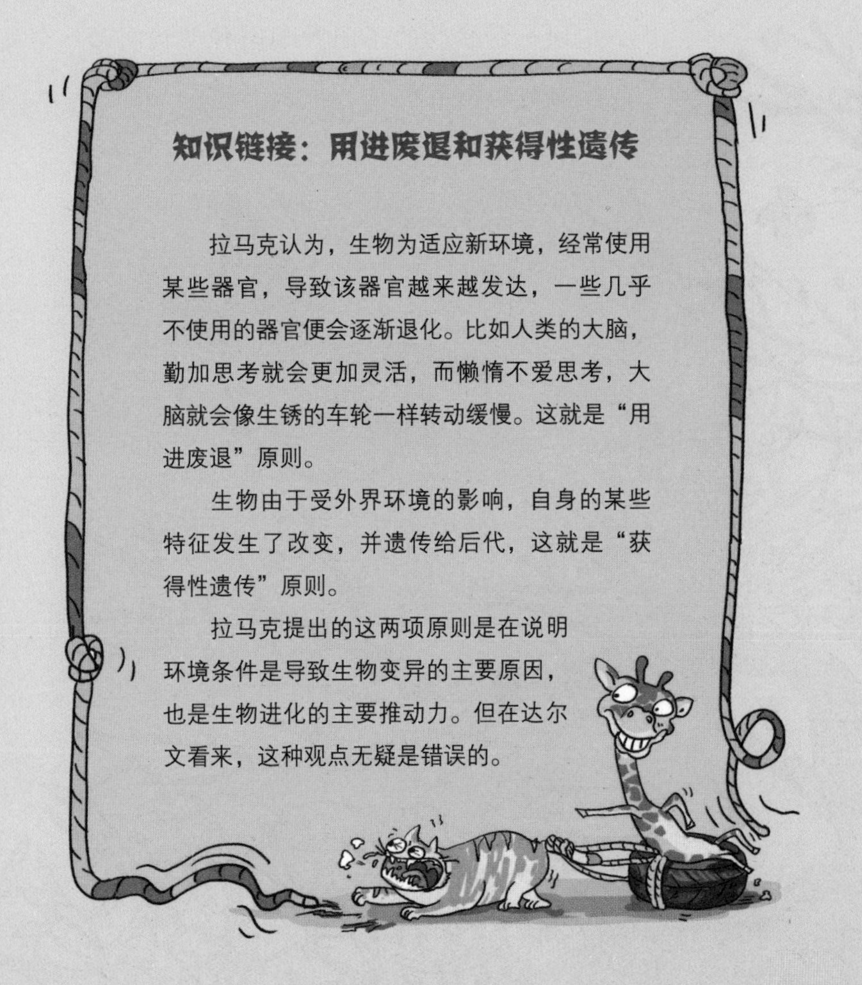

知识链接：用进废退和获得性遗传

拉马克认为，生物为适应新环境，经常使用某些器官，导致该器官越来越发达，一些几乎不使用的器官便会逐渐退化。比如人类的大脑，勤加思考就会更加灵活，而懒惰不爱思考，大脑就会像生锈的车轮一样转动缓慢。这就是“用进废退”原则。

生物由于受外界环境的影响，自身的某些特征发生了改变，并遗传给后代，这就是“获得性遗传”原则。

拉马克提出的这两项原则是在说明环境条件是导致生物变异的主要原因，也是生物进化的主要推动力。但在达尔文看来，这种观点无疑是错误的。

植物也疯狂

现如今，我们餐桌上的食物很丰盛，即使在收成不好的年份，依旧能吃到香喷喷的白米饭。但动植物所处的环境可比我们的残酷多了，当某些季节性食物匮乏的时候，为了生存下去，吃同一种食物的不同种或同种动物间必然会发生激烈的争夺！

为了生存下去，植物也会打架

槲寄生，光听名字，你也能猜到了吧？它是一种喜欢寄生于苹果树、白杨树、松树等树木身上的植物。不仅如此，槲寄生还非常贪婪，靠吸收宿主身上的养分存活。如果好几株槲寄生同时缠绕在同一棵树上，这棵树可就倒了大霉，它会因失去过多养分而死去！

槲寄生寄生在树木上的现象，在自然界中看似普通，但达尔文通过思考，为我们分析出其中包含着的好几层竞争关系：槲寄生缠绕在树木上，靠着树木的养分存活，这可以视为槲寄生与树之间的竞争；好几株槲寄生同时寄生在同一棵树上，这可以视为槲寄生同种之间的竞争；而缠绕在树上的槲寄生，将自己结出的、外表看起来十

分甜美的浆果高高挂在树上，吸引鸟类来啄食，使自己的种子通过鸟类大范围传播，这也可以视为槲寄生与其他浆果灌木植物之间的斗争！

为了争夺地盘和养分，植物们也会“打架”，并且斗争得十分激烈，只不过我们用肉眼无法看到它们战斗的样子！

杂草之战

达尔文认为，植物之间除了会因争夺领地、养分等发生激烈的打斗外，还容易被其他动物或者自然灾害毁灭，尤其是在各种植物交杂丛生的区域，

植物的幼苗最容易受到外界的毁灭性“攻击”。为此，达尔文亲自开垦和清理出一块土地作为试验田。当试验田中杂草的幼苗全都破土而出后，达尔文在它们身上逐一做了记号。他发现，在 357 株杂草的幼苗中，有 295 株被毁掉。毁掉这些幼苗的“元凶”主要是一种名叫蛞蝓（kuò yú），状似蜗牛，俗称鼻涕虫的软体动物以及一些其他昆虫。

而在另一块时常有人割草、食草类动物经常光顾的田地上，所有杂草无人管理，肆意生长，就算瘦弱的植物能够长大，也会被其他较强的植物慢慢消灭。达尔文在这片杂草丛生的田地上发现了不少他做过记号的物种由于其他物种的排挤而消亡了。

“鸟为食亡”——动物间的生存斗争

知识链接：食物链

1927 年，英国动物生态学家埃尔顿首次提出了“食物链”一词。什么是食物链呢？简单点来说，就是在生态系统内，各种生物为了维持自身的生命活动去捕食其他生物，由此而形成的一种联系就叫作食物链。通俗地讲，就是通过吃与被吃的关系，把这种生物与另一种生物联系起来，而它们组合起来就像一条链子一样，环环相扣。

我们到野外散步时，可能会看到鸟儿在蓝天中自由飞翔，鱼群结对在溪流中嬉戏，松鼠在林间跳来跳去。阳光温暖，微风和煦，大自然中的一切都那么美好。

可是有人注意到了吗？林间的小鸟们，是吃

虫子或种子的，所以鸟儿也在摧残生命。而鸟类的蛋或幼崽也有可能成为其他猛兽的美餐。

荒原上的豺和狼，也许会因为饥饿或者要保护幼崽而发生激烈的斗争，这样的例子比比皆是。

夏日，蝉正在大树上闭目养神，却不知道螳螂正躲在它的背后，虎视眈眈地想要吃掉它！同样，螳螂也不会想到，树叶里隐藏着的黄雀，早已将它视为“盘中餐”。那么在黄雀的身后呢？可能还埋伏着蟒蛇，准备张开血盆大口要吞掉它呢！

在大自然中生活的各种生物由于食物而形成了一种“吃与被吃”的链条，也被称为食物链。其实，这也是生物进行生存斗争的一种方式。

同类相争，必有一伤

生物界并不是我们所想或者表面看到的那样祥和、安宁，其内部生活的各种生物，为了自身的生存、繁衍，正在经历着一次又一次惨烈的生存斗争，其中有生物和环境的斗争，也有不同物种之间的斗争。然而，达尔文认为，最激烈的斗争是发生在同一属下的物种内部的斗争，也可以理解为同类相争。

残忍的同类

同类之间也有竞争，当气候变得恶劣、食物短缺或者栖息地范围缩小时，同类之间也会大打出手，爆发大战。有些物种灭绝了，不一定是被异种生物打败的，也有可能是遭遇了同类的打压、排挤、攻击。

为此，达尔文做了多项调查来证明这一观点。

他发现，一种燕子在美国的一些地区繁衍后，数量大增，从而导致当地另一种的燕子死了许多；一种亚洲小蟑螂进入俄罗斯境内后，非常霸道，迫使另一种大蟑螂四处逃窜；不知道从哪来的一群蜜蜂侵入了澳大利亚，竟使澳大利亚本土的小蜜蜂灭绝了。这种同类相争的例子实在太多了。

同种生物之间为什么要残忍地互相伤害呢？

达尔文给出了答案："由于近缘物种有相似的习性和体质，它们可能同居一地，所需要的食物几乎相同，所面对的危险也差不多，因此同一属下物种之间的竞争要比不同属下物种之间的争斗更为激烈。"

隐秘的斗争

我们已经知道，在自然界中近缘物种之间生存斗争非常激烈，那么在一场争夺“大战”中，一种物种要靠什么战胜另一物种呢？其中的具体原因我们不得而知，但达尔文推测，近缘物种之间一定存在一些隐秘的竞争方式，可以帮助它们争夺食物和栖息地。

自然界的生物为了生存下去，几乎想尽了办法。蒲公英的种子成熟之后，毛茸茸的非常可爱。很多小朋友在野外见到蒲公英，会把它摘下来放到嘴边吹，这时它们就像一把把小伞，

随风飘向四面八方。聪明的蒲公英妈妈正是借助大自然中风的力量，将她的孩子们送往各地的。这些种子落到没有其他植物生长的空地上，生根发芽。要是赶上干旱的季节也不怕，蒲公英的根系很长，当别的植物都因缺水而死去时，蒲公英的根部还能深入地下去汲取水分。

蒲公英借风传播种子的方式，可以视为其与同类植物之间发生的一种隐蔽的斗争。通过这种方式，蒲公英的种子能够被传播到很远的地方，从而扩大自己的种群。

你一定见过或者吃过蚕豆吧。圆鼓鼓的蚕豆粒，吃起来很香甜，里面蕴藏着丰富的营养物质。这看起来好像没什么特别的，可当你把蚕豆的种子和其他植物的种子种在同一片杂草丛中时，它的“竞争优势”就显示出来了。

当其他植物由于被周围高大的植物“排挤”吸收不到足够

的营养而变得矮小、瘦弱时，蚕豆苗依然可以依靠种子里储存的营养茁壮成长。由此我们便可得知，蚕豆种子的营养物质给予了幼苗充足的营养，让它能与其他植物展开斗争！

残酷的竞争

像蒲公英那样可以将种子传播得很远，对环境的适应能力又很强的植物，会不会在新的领地里迅速扩张呢？适应新环境固然重要，但生存斗争无处不在。在严寒的北极之巅和酷热的沙漠中，植物相对稀少，但仍无法避免生物间的抢夺大战。它们会为了抢夺温暖或者水分多的地方，经常相互残杀。

另外，一种植物想要安全长大，不仅要具备战胜其他对手的优势，还要避免被动物吃掉。

当一个物种到达一个新的地区时，即使那里的气候与该物

种原来生存环境中的气候完全相同，这些“外来客”要想茁壮成长，也必须产生新“优势”，才能战胜当地的原有物种，还可对抗天敌。

达尔文告诉我们：“每种生物都在努力地成倍增加自己的个体数量，因为生存斗争无时不在，无处不在，每种生物都保不齐会在某一时期遭受重创，从而导致数量大量减少甚至灭绝。虽然生存斗争无比残酷，但值得安慰的是，这种斗争也有‘休战’的时候，所以我们不必对此感到忧心。死亡的速度对于生物来说如此迅速，几乎没有痛苦可言，而强壮的个体还能够存活下来繁衍后代。”

生物数量成倍增加

为什么自然界有残酷的生存斗争呢？大家和平相处不好吗？细想想，若自然界的生物真能像我们想象中的那样关系友好，大家的生活恐怕就要乱套了。

这就如同人类繁育后代一样，动植物也通过繁殖将物种延续下去。不同的是，人类的繁殖速度比较缓慢，而动植物的数量通常会“成几何倍数”增长，繁殖速度惊人。所以自然界才用“生存斗争”对过度膨胀生物的数量加以限制，否则若干年后，地球上恐怕就没有人类落脚的地方了。

惊人的繁殖速度

植物在野生状态下的繁殖速度有多快呢？博物学家林奈曾经计算过：“假如一株植物每年只结出 2 粒种子，这 2 粒种子的幼苗在第二年也分别结出 2 粒种子，照此下去，不到 20 年，地球上就得有上百万株此类植物了。”就这样的繁殖速度，在地球上还算低产的呢！

达尔文还估算过大象在自然环境中的繁殖速度，比如一对大象夫妇的寿命大概是 100 岁，如果在 30 岁时开始繁育后代，那它们一生大概可以繁育出 6 头小象，700 多年后，地球上就会有 1900 多万头大象了。而这个庞大的数量，仅仅是由最初的一对大象夫妇繁衍出来的。

大象的繁殖速度是比较慢的，而哺乳动物中繁殖速度最快、生存能力很强的老鼠，其繁殖速度令人畏惧。一对成年老鼠仅在一年之中，就可以让它的子子孙孙发展到一万五千多只。如果没有什么因素对它们稍加限制的话，用不了多久，地球上就遍地是老鼠了，想想都觉得可怕！

有的生物繁殖速度很慢，有的生物繁殖速度很快，二者有什么差别呢？仅仅是繁殖慢的生物比繁殖快的生物晚几年遍布一个区域而已呀！如果所有动植物后代的数量都按照“几何倍数”增加，那么它们肯定会因抢夺食物和地盘而展开殊死搏斗，因为地球上的资源十分有限。

抑制生物增长的因素

如果地球上所有的生物都“超生”，地球肯定要被“撑爆”了。因为它不会扩张，就这么大。

为什么从古至今，地球上的生物能井然有序地生存呢？达尔文苦思冥想。直到有一天，他在翻阅托马斯·马尔萨斯的《人口论》一书时，才茅塞顿开。

马尔萨斯是当时有名的人口学家，他在《人口论》中写到，如果人类不断诞下后代，人口数量就会激增。如果在一定限期内，粮食、医疗、社会福利等无法支持急速膨胀的人口，由此而引发的战争和瘟疫等会大大削减人口数量，使其数量恢复到社会能承受的范围之内。

达尔文意识到马尔萨斯《人口论》中的观点也同样适用于自然界。如果某一地区的某一物种个体的数量急剧增多，势必会导致该物种所需的食物紧缺，继而引发食物“争夺战”，令该物种的个体数量减少，使其数量恢复到该地区能承受的范围。

达尔文还认为，能在一定程度上控制物种个体数量的因素除了食物外，还有天敌的数量。想想原野上的野鸡、野兔有多少天敌等着吃它们呢！

另外，在极有利的环境中，若一个地区的物种的个体数量过度增长，还

还容易引发传染病。比如，一个羊群中有一只羊感染了寄生虫，整个羊群都有可能跟着遭殃。

最后，气候的变化对动植物来说也是个考验。全球变暖会导致北极冰面大面积融化，原来可以容纳 10 头北极熊的一块冰面越缩越小，最后只能容纳 1 头北极熊，其余北极熊则间接因为气候变化而死去。

这下你知道为什么有些生物要“超生”了吧？因为它们一生要经历的“劫难”实在太多了，正如“1000 粒种子中，可能只有几粒能存活”，所以它们就要尽量多地扩充自己的个体数目，这样才能保留后代。

相互制约

巴拉圭的不少蝇和寄生虫，喜欢将初生牛犊的肚脐眼作为温暖的巢穴，并在里面产卵，因此有不少小牛因此感染而亡。一旦寄生虫和蝇的数量增多，当地爱吃这些虫子的鸟类的食物就变得丰盛了，鸟类的数量也会大增。

鸟类增多了，寄生虫和蝇的数量便会减少许多，小牛的成活率就提高了。可是牛多了以后，就会吃掉野地里大片的植物，破坏了昆虫的生长环境，如此一来，鸟的食物减少了，数量也会减少，紧接着可恶的“寄居者”——寄生虫和蝇的数量又多了起来，小牛们又该遭殃了。

上面的这个过程虽然在自然界中不断重复，但几个参与者相互牵制，不也恰好制约了各自的繁殖数量吗？

掌握生物命运的神奇之手

人类通过“人工选择”原理，利用发生在动植物身上的轻微变异，培育出了有着奇奇怪怪特征的动植物。而在自然状态下生存的野生物种，由于数量繁多，发生变异的数量更是不计其数，但它们免不了会在某一时期遭受毁灭性的打击，甚至从此灭绝。

那么自然中是否有一只神奇“之手”能够像人类一样，将物种“保存”下来并继续繁衍呢？接下来，我们先来了解一下自然选择的含义。

什么是自然选择？

在自然界，每种生物在其有生之年都在尽可能多地繁殖后代，以保证自己的种族能够被保存和繁衍下去。由于生态资源有限，过量繁殖势必会引发残酷的生存斗争。在这场“不是你死就是我亡”的生存大战中，获胜的个体因为比其他个体有“优势”，这才有了生存和繁衍的机会，无论这种“优势”是多么微小。

这个“优势”指的是对生物发生的有利变异。在生存斗争中，生物产生的变异就算十分微小，只要是对生物本身有利，就能够保存下来，而有害的变异就算十分轻微，也会被“连根拔除”。达尔文称这种现象为“自然选择”。

变异至关重要

人类捕捉到一些大自然提供的轻微变异，并以此来驯养生物，如跑得特别快的马、产奶特别多的奶牛、毛长且柔软的绵羊等，这些动物都有共性，即它们都保留了对人类有利的变异，抛弃了其他变异。

如同人类通过“人工选择”驯养动物一样，大自然依靠一只神奇之手——“自然选择”，来管控种类繁多而状态复杂的生物。与人工选择不同的是，自然选择保存了对生物有利的变异，清除了对生物有害的变异。

处于野生状态的生物往往野性十足，数量也更多，变异也随之增多，有些变异对生物有益，而有些对生物有害。因为有生存斗争，不是所有物种的个体最终都能被保存下来，带着对自身有利变异的生物，由于比其他个体更具优势，才得到大自然的“垂青”，继而得到生存和繁衍的机会。反之，那些只

带有一丁点儿有害变异的生物，就会被淘汰。

达尔文号称，如果某个地区是开放性的陆地，外来物种便会乘虚而入，严重扰乱本土生物之间的关系。如果该地区是个封闭阻塞的、无法让外来物种进入的岛屿呢？那么岛屿上的本土生物也会发生某种变化去占领岛上的空位。几乎所有的地方，本土生物都会被外来物种排挤，而本土的生物要想阻挡入侵者，必须也要发生有利的变异才行。

北极熊为什么是白色的？

在寒冷的北极附近，生活着一群可爱的北极熊。它们看上有一副憨憨的模样，以捕食海豹、海象、鸟类、鱼类为生。它们体内储存着厚厚的脂肪，体表的白色皮毛如同一件白“袍子”一般，帮助它们抵御寒冷。

你知道吗？北极熊的祖先其实是从爱尔兰“移民”过来的。

很久以前，一批爱尔兰棕熊在迁移过程中被冰川阻隔，与其他爱尔兰棕熊分开，迁移到了极寒地带。这批棕熊逐渐适应了寒冷的气候，从此生存下来。又不知过了多少年，棕熊队伍中一头雌熊产下了一头毛色变异的白皮毛熊宝宝。

仅仅发生了一点有利的变异，却能使一种生物在生存斗争中获得巨大优势。

试想一下，两只熊宝宝，一头白色，一头棕色，当它们可以自己捕猎时，哪只熊更容易捕到猎物呢？棕熊与雪的颜色对比鲜明，容易暴露自己，吓跑猎物；而白熊跟雪的颜色接近，隐蔽性更强，因而有更大概率抓住猎物。

白熊能比棕熊获得更多的食物，这也就意味着它们能繁衍出更多后代，并在很大程度上会把它的"白色"基因遗传给后代。

渐渐地，棕熊的基因被弱化，经过数代之后，数量便越来越少，直到整个北极地区只剩下白色棕熊，也就是今天的北极熊了。

毛色变异的白色棕熊比普通棕熊更加适应环境，这种有利的变异（皮毛变白）使白色棕熊在二者的生存斗争中占据了优势（可以捕获更多的猎物），并因此而生存下来，普通棕熊则逐渐被大自然淘汰。

没看见我？
我们快溜。
看来又要
饿肚子了。

大自然中妙趣多

达尔文说过，自然选择塑造出的产物比人工选择培育出的产物丰富和有趣多了。不信你往下瞧一瞧吧！

自然选择更胜一筹

在饲养动植物时，人类的“私心”真不小，总想着要对自己有益，由着自己的喜好去培养动植物，反而忽视了某些变异是否对动物有益。

比如喂养鸽子时，饲养者可不管家里的长喙鸽和短喙鸽爱吃什么或不爱吃什么，用同一种食物喂养它们。具有不同特征的鸽子，爱吃的食物可能大小不同，软硬程度也不一样，而人类总是忽视这些问题。

农场里饲养着长毛绵羊和短毛绵羊，二者本来生活在气候不同的区域，而人类却将它们圈进了同一个区域，让它们适应同一种环境。

在自然界，强壮的雄性动物为了争夺配偶，发生争斗很正常。而在人类的家园里，动物们要是打架把后院弄得鸡飞狗跳，“闹事者”免不了要挨主人的棍子，因此家养的雄性动物往往缺乏战斗力。

大自然在发现对生物不利的变异时，会毫不留情地将该生物清除。而人类在驯养生物的过程中，会尽力将良莠不齐的生物保留下来。

由此可看出，人工选择和自然选择的巨大差别：自然选择在意的是生物内在的一些细微变异，这些变异往往决定了生物在生存斗争中的地位。而人类呢？往往选择那些能让他们感兴趣的畸形物种。

与大自然比起来，人类的生命非常短暂，想法又变幻莫测，人工产物和大自然在漫长时间里积累而成的产物相比，特别不完美。

会变“戏法”的桦尺蛾

19 世纪 50 年代以前的英国，生存着一群带有黑色斑纹的灰色桦尺蛾。它们白天栖息在长着灰色地衣（地衣是藻类和真菌的共生体，被单列为地衣植物门）的树干上。因为灰色地衣和它们体色接近，可以使它们不那么容易被鸟类吃掉。

后来，人们还在灰色桦尺蛾的后代中发现了双翅几乎全黑的变异桦尺蛾。黑色桦尺蛾的颜色与地衣的颜色差别较大，很容易就被鸟类发现并吃掉了，因此比较稀少。

随着工业化进程速度的加快，大量黑色的煤烟和污染物从工厂中排出。久而久之，城市中的树木被熏黑了，长在树干上的灰色地衣也死了。这时，黑色桦尺蛾又多了起来，灰色桦尺蛾大幅减少了。

为什么黑色桦尺蛾变多了呢？难道是由于部分灰色桦尺蛾被熏黑了吗？实际上是因为环境发生了改变，树干被熏黑，黑色成了变异后的黑色桦尺蛾的保护色，使鸟类不易察觉它们，从而得以生存，并繁衍出更多后代。反之，灰色桦尺蛾落在黑色的树干上太显眼，就被鸟类吃掉了。

后来，由于污染被治理，情况又开始向相反的方向发展了，树干恢复了原来的色彩，灰色地衣重新长了出来，灰色桦尺蛾又多起来了，而黑色桦尺蛾减少了。这个过程说明，大自然选择了最能够适应环境的桦尺蛾。

在大自然中，生物的变异，无论大小，只要是对生物本身有利的，都会被保留下来，也会提高生物的生存概率，而有害的变异则被消灭。经受着“自然选择”的桦尺蛾，其进化过程如同变戏法一样，实在太精彩了！

自然界中的伪装术

自然选择除了能保留生物有利的变异外，对于人们忽视的性状和构造也起着作用，因此其产物更加丰富而美妙。

达尔文通过观察得知：“生活在不同地区中的松鸡颜色大有不同，有些松鸡毛色发白，有些松鸡的毛色呈土褐色。另一些昆虫类也一样，有的长得像树叶一样绿，有的和灰色树皮颜色一样。这些昆虫和鸟类所拥有的颜色，对它们来说是一种很好的保护色，以免它们遭受危险。”

自然选择赋予动

物们的保护色，就像一件魔法披风，披上它，就能在自然界中隐藏得更好，从而变得更加安全。

鹰靠一双犀利的眼睛发现猎物，当白色的鸽子在天空中飞翔时，是那么显眼。因此白色鸽子较其他颜色的鸽子更容易成为鹰的“盘中餐”，因此很多欧洲人都不敢再养白鸽了。

由此可见，自然选择赋予生物的保护色，对于生存斗争来说多么重要啊！

人类从动物那里学会了利用保护色。大家都知道士兵打仗时穿的迷彩服吧。士兵在丛林中伏击敌人时，穿上迷彩服能更容易伪装自己，从而减少被敌人发现的机会。

自然界中的不少动物除了有保护色外，还自带“伪装术”。比如，长得像树枝一样的竹节虫、长得像枯叶一样的枯叶蝶，长得和树干纹理相似的壁虎等。

尽职的监督者

自然选择就像24小时都勤奋工作的监工，不留遗漏地时刻监督、检查着世界上的任何一处，哪怕是最细致、最轻微的变异，然后把好的变异保存并累积起来，把坏的变异清除掉，让物种能够以最优的形式生存下去，让自然环境变得越来越好。

剔除“另类”很重要

前面我们提到过，自然选择曾赋予了每一种松鸡以合适的颜色，让它们去躲避天敌。生物一旦得到这种保护色后，就能将这种保护色永久保存下去，这对生存斗争十分重要。但达尔文又说：“清除一个群体之中颜色特别的个体也格外重要。”

都是纯白色的羊群里，偶然出现了一只黑羊。如果不把这只黑羊去除，羊群的后代中就有可能出现黑羊，或者略带黑色斑点的羊。逐渐地，可能整个羊群中都没有纯色的白羊了。

可见，由于清除一个群体中颜色特别的个体而产生的影响十分重大。

象鼻虫的喜好

植物学家们在研究植物的果实时，并没有把果实上的茸毛和果肉的颜色当成重点。

据一位优秀的园艺家说，美国有一种叫象鼻虫的甲虫，非常讨厌。它们只爱吃表皮光滑无毛的果实，因此，表皮带茸毛的果实便被保留了下来。另外，果肉的颜色也会对植物产生影响。在通常情况下，

紫色的李子更容易遭受病害，黄色的桃子也比其他颜色的更容易受病害侵袭。

达尔文说：“这些细小的差异对于处于自然环境中的多数生物来说至关重要，尤其是当一种生物与周围其他生物存在竞争关系时，这些细小的差异可能影响生物在生存斗争中的结局。”

自然选择的核心，就是保存和累积对生物有利的变异，去除不利的变异。但这种变异形成的过程很缓慢，当一个小小的

差异被保留下来后，需要不断累积才能形成比较明显的差异，有的差异可能经历了上万年才形成。

雏鸟破壳的“利器”

有些在动物一生中仅使用一次的构造，如果对其来说非常重要，那么自然选择能让这一构造发生重大的变异。

例如，有些昆虫在幼虫时，就长有专门用来破茧的大颚。还有那些未被孵化的雏鸟，当蛋壳裂开一道道缝隙，而且越来越大，直到它们的小脑袋露出来，呼吸到蛋壳外面的空气时，

就代表一个新生命成功降临了。可要是它们没发育出坚硬的喙，又该怎样啄裂包裹着它们身体的坚硬蛋壳呢？

拿鸽子中的短喙翻飞鸽来说吧，它们中能自己破壳而出的雏鸽很少，大部分雏鸽都因为它们的喙太弱而难以啄开坚硬的蛋壳，而“胎”死“壳”中。因此，一些养鸽人不得不主动帮助喙弱的雏鸽破壳。

在自然状态下，蛋壳中的雏鸽想要破壳而出，要经历严格的“选择”。成功破壳而出的雏鸽，要么是喙部发育最坚硬最有力的，因为弱喙的雏鸽会因难以啄开蛋壳而死去；要么是蛋壳脆弱且易碎的，因为每个蛋壳的厚度都有差异。

孔雀的美丽尾羽

雄孔雀长着非常美丽的尾羽，走起路来趾高气扬，神气十足。有时穿花裙子的小姑娘从旁边经过，它也会撑开自己翠绿色如屏风般的尾羽来回抖动，似乎在炫耀：“大家快瞧我的尾巴，比她的花裙子漂亮多了。”反观雌孔雀，不仅不能开屏，尾巴的颜色也比较暗淡。

可是，在大自然中，雄孔雀拖着这样引人注目的尾巴是非常危险的，既容易被天敌发现，也会给逃跑增加难度，显然不利于生存。那么雄孔雀的尾巴存在的意义是什么呢？

易辨雌雄

你发现没有？在动物界，雄性通常比雌性更好看。比如对于家养的鸡，公鸡的鸡冠像朵大红花，又红又大，尾巴也更长更好看，母鸡则鸡冠小，毛色暗；雄鸳鸯和雌鸳鸯的毛色差别更大，雄鸳鸯浑身长着亮丽鲜艳的羽毛，而雌鸳鸯的羽毛灰蒙蒙的，不了解它们的人，还以为是两种完全不同种的鸟类呢！

有些变异通常只发生在某一性别的个体身上（普遍发生在雄性身上），并且能够遗传给下一代。但这些变异

可能对生物的生存不利，比如雄孔雀的尾巴会让它更容易被天敌发现。显然，按照自然选择的原理，无法解释这些变异，因为自然选择只会保存对生物本身有利的变异。

达尔文花了很长时间去思考这些变异产生的原因，最终他得出“这是性选择导致的”结论。

一种生物要想把自己好的变异遗传给下一代，是通过与异性配偶交配，繁殖出更多后代实现的。为了争夺配偶，同性个体（尤其是雄性个体）之间，就会发生激烈的斗争。

性选择并不像自然选择那样冷酷无情，也并不像生存斗争那样惨烈，斗争中输的一方不一定会死掉，只是会留下很少的后代，或者没有后代。而胜利的一方能获得和异性交配的机会，因此留下很多后代。

雄性的“特种武器”

总而言之，越是体格强健的雄性动物越有可能在争夺配偶的大战中击败其他竞争者，获得异性的青睐并繁衍出更多后代。但多数时候，获胜的关

键还在于雄性独有的“特种武器”。

例如，雄孔雀的漂亮尾巴就是它的特种武器。这种变异虽然不太有利于它们的生存，却能帮助它们提高繁殖成功的概率。在春季（繁殖季），孔雀们会上演一场“求偶”大赛。雄孔雀争相开屏，在雌孔雀面前展示自己的尾羽。胜利者就是要凭借美丽的尾羽来俘获雌孔雀的芳心，并与其繁殖后代。自然界中，像鹦鹉、鸳鸯、雉鸡等鸟类中的雄性所特有的漂亮羽毛，皆是性选择赋予的特有变异，目的是能有效吸引异性的注意。

草原上雄狮们常常为了争夺一头母狮而大打出手，它们咆哮、撕咬，有时还会扭打成一团。正因为这样，性选择才赋予了雄狮子颈部丰厚的鬃毛。鬃毛不仅让雄狮看起来更加威武雄壮，容易获得母狮青睐，在与其他雄狮打斗时，还能像盾牌一样保护它们的脖颈。

鹿看起来机灵、可爱，和自然界中的其他动物一样，也是一夫多妻制的。当两头雄鹿都想与一头雌鹿交配时，一场争夺大战就不可避免了。雄鹿头上特有的大角就是它的特种武器。当两头雄鹿打斗时，强有力的鹿角会相互顶撞，有时甚至能把对方置于死地。除了鹿以外，公羚羊的羊角、亚洲雄象的巨大象牙等皆是它们特有的武器。

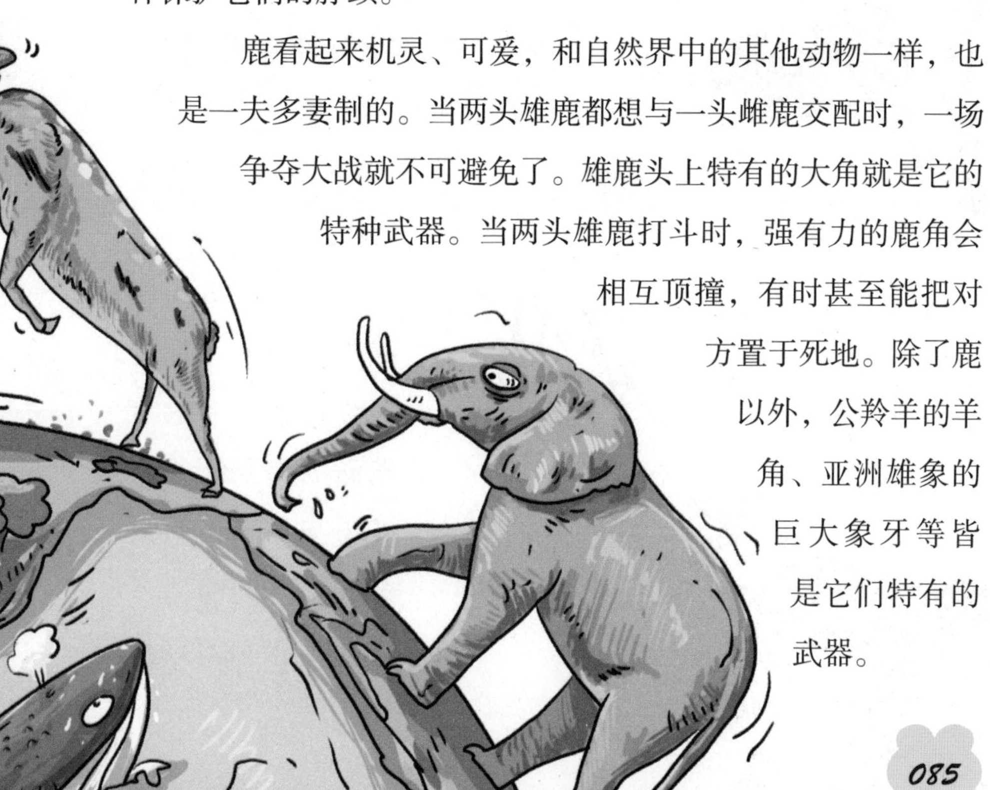

由此可见，个体产生能够吸引异性的变异后，对于繁殖后代也十分重要，还能够遗传给后代，因此，性选择也是自然选择的形式之一。

动物们的求偶“小花招”

如果雄性动物只凭借好看的外貌来虏获异性的芳心，那是不是有些肤浅了呢？其实，动物们的择偶标准和人类很像呢！拥有漂亮的外表固然重要，还要拥有好的品德，甚至还得多才多艺。

鸟类的求偶小技巧真不少。

比如，新几内亚雄性极乐鸟拥有如金色丝线一般有光泽的修长尾羽，极为华丽。当两只雄极乐鸟同时向一只雌极乐鸟示好时，

一场高难度的才艺表演——求偶舞，就开始了。两只雄极乐鸟会并排站在树枝上，身体呈倒立姿态，凸显出美丽的尾羽，双翅靠后并拢，仿佛两个体操运动员在进行单杠表演。

印度灰犀鸟在求偶期间会用心喂养雌鸟，以此来证明它将来会成为好爸爸。雌鸟也需要借此机会测试雄鸟的能力和责任心，因为雌鸟，需要雄鸟协助它搭建一个完美的鸟窝。

黄莺在求偶时会发出像唱歌一样婉转动听的叫声，那是它在异性面前炫耀自己的“才艺”。有些已经配对成功的夜莺，也会用对唱的方式宣告它们在一起了。

自然选择出奇怪的变异

长颈鹿细长的尾巴尖上长着一撮鬃毛，像一截很短的牛皮鞭，这有什么作用呢？秃鹫为什么秃头呢？达尔文说，他也不能完全解释自然选择发挥对变异的作用，还有到底哪些变异有用，哪些变异没用。

神奇的尾巴

尾巴对于有些动物而言，如同人类的四肢一样重要。不同动物的尾巴发挥着不同的作用，帮助动物们更好地生存和繁衍下去。

长颈鹿尾巴细细的，尾端长着一撮十分显眼的鬃毛。与它们高大的身躯比起来，尾巴真是太小了，有什么用呢？当长颈鹿察觉到危险时，高高翘起尾巴可以给同伴们通风报信；当长颈鹿行走或奔跑时，尾巴可以协助它们保持平衡；在蚊虫多的季节，挥动尾巴还能赶走蚊虫。

壁虎的尾巴又细又长，当它被别的动物按住尾巴捉住时，壁虎能自断尾巴逃生。很快地，壁虎还会长出一条新尾巴。

松鼠的尾巴又大又蓬松，当松鼠从高处跳到低处时，尾巴如同降落伞一般，可以减慢降落的速度，有助于安全落地。松鼠睡觉时，还能把尾巴当被子盖，起到保暖的作用。

兔子的尾巴毛茸茸的，短小可爱，但不是用来当作装饰的哦。当兔子被凶猛的动物咬住尾巴时，它能使用“脱皮计”脱掉尾巴上的“皮套”，迅速逃生；当身体直立时，兔子的尾巴接触地面后，还能起到支撑作用。

猴子的尾巴更神奇了，就像它的“第五只手”。攀缘时，猴子可以利用尾巴勾住树干，在林中上蹿下跳，有时还能用尾巴摄取食物。

尾巴是动物为了生存进化出来的产物，可以帮助动物更好地适应环境。为什么人类没有尾巴呢？尾巴对于人类而言可能是累赘，没有太大用处，所以在进化的过程中自然就消失了。

秃鹫为什么是“秃头”？

多数鸟类拥有丰厚的羽毛、小巧玲珑的身体、清脆的叫声，可是有一种鸟不仅体形庞大，相貌也不大美观，它们就是秃鹫。

秃鹫背上的羽毛丰厚，从脖子到头顶却光秃秃的，或是只长着极短的绒毛。它们怎么就“秃顶”了呢？达尔文表示，这也是自然选择的结果。

除了秃鹫外，还有非洲秃鹳（guàn）等许多以腐肉为食的鸟类都是秃头。进食时，这类鸟类要把头伸进动物尸体里去吃

腐肉。鸟类在清理羽毛时，很难顾及自己的头部。如果秃鹫头顶上的毛过长，容易藏污纳垢，滋生许多细菌，导致它们患病。而秃头就好多了，既不容易沾到脏东西，还能利用太阳光的照射杀菌呢。

其实“秃头”鸟类的祖先也可能长着浓密的秀发，但在漫长的进化过程中，那些头上长毛的个体因患病而接二连三死去了，秃头的个体活了下来。过了一代又一代，自然选择将最能适应环境的秃头个体保存下来，让它们生存到现在。

有人会问了，火鸡和鸵鸟也是秃头，但是它们不吃腐肉啊？生物学家们表示，还存在另一种可能，即有些鸟类的秃头能帮助它们调节体温。

祖先的遗迹

狗除了前掌有五根脚趾外，脚掌上方还有一根不与地面接触的脚趾，叫悬趾。有些狗的后掌上方也长了悬趾。

狗长悬趾并不是一件好事，因为悬趾连着表皮，很容易撕破皮肤，主人为宠物狗修剪趾甲时，很可能忽视悬趾上的趾甲，悬趾趾甲过长钩到皮肉。悬趾不与地面接触，狗自己磨爪子时，无法磨损悬趾，也会导致悬趾由于趾甲过长而插进皮肉里。

既然悬趾对狗来说有很大害处，为什么狗身上还会保留着它呢？其实这是狗的祖先遗留下来的残遗器官。

多数人会在 16 ~ 25 岁长出智齿，智齿是人类口腔里，牙

槽里面的上下左右各一的四颗第三颗磨牙。智齿长出后，可能会挤压其他牙齿，造成疼痛或者发炎，因此需要去医院拔掉。对于现在的人类而言，智齿几乎没什么用处，可为什么人类还会长智齿呢？

人类的智齿，是祖先的遗留物。

远古时期，人类吃的食物比较坚硬粗糙，使用咬合能力强的智齿可以磨碎食物，智齿的存在十分重要。随着人类社会的不断进步，食物得到精细加工，不再需要强大的咬合力了，智齿的作用也就越来越小，甚至根本不需要智齿。在之后的人类进化过程中，智齿可能会慢慢消失。

不是所有生物都进化得那么完美。在进化的历史长河中，自然之母难免会忘记抹去一些东西，使一有的生物还保留着某种从其祖先那里遗留下来的无用器官。这些器官可能对生物存有害处，更有可能加速该生物的灭绝。然而大多数生物身上的这种不完美，对于研究生物进化来说，却是无价之宝。

追啊！兄弟们！
先装傻，让猎物对咱们放松警惕。
zZZ

物竞天择，适者生存

生物斗争非常激烈，所有的生物都在竭尽所能地改变自己，发生有利变异让自己更加适应环境，只有这样，它们才能被自然选择保存和累积下来，繁衍更多的后代。

跑得快的狼

说到狼，我们对它的印象通常是残暴，在古今中外许多寓言故事中，也都赋予了狼凶残、狡诈的“狩猎者”形象。

狼习惯群居生活，狼群中的成员分工明确，团结协作。当遇到危险时，狼群成员会一致对外，赶走入侵者；当遇到中大型猎物时，狼群成员能够相互配合，围捕猎物。

狼非常机智，在捕捉不同类型的猎物时，会变换策略：面对像野牛这种个头较大的猎物，狼会动用它们的头脑。头狼先对野牛群体展开冲锋，做出试探性攻击。当野牛群因惊慌失措而四处逃散时，队伍中体质最弱的野牛会因跑得最慢而掉队，如此，它也就成了群狼围捕的目标。狼如果遇到比自己小或者和自己体形差不多的猎物时，会直接动用武力与猎物周旋，将其捕获。要是狼

遇上了像鹿这种比较敏捷的“逃跑健将”，那也只能费些脚力拼命追捕了。

人类用一些特殊办法训练出跑得快的猎犬，大自然也时常能“训练”出有某种“特长”的狼。

在捕食艰难的季节里，环境的变化或其他因素导致跑得慢的猎物减少了，唯独剩下像鹿这样奔跑速度快的动物。那么此时只有身形纤长、行动灵活、奔跑最快的狼才能追捕到鹿，继而存活下来，留下更多后代。也可以理解为，跑得快的狼更能适应环境，所以被自然选择保存了下来。

用家猫来举例，有的猫天生就喜欢捉大老鼠，不爱捉小老鼠；有的猫喜欢捕鸟；有的猫喜欢抓兔子。

如果这些习性上的变异如果对该物种的自身生存有利，就极有可能被保留下来，并且出现在其后代身上。

命运不同的三叶草

春暖花开的季节，也是蜂类昆虫最忙碌的时候。它们飞舞在花丛中，从一朵花到另一朵花，把它们嘴巴上长的小吸管状的细长口器伸进花朵里面吸食花蜜。有些蜂类为了尽快采集更多花蜜，还会在花朵的基部咬破一个小洞来吸蜜。

那是不是表示，口器较长的蜂类能比口器较短的蜂类吸食到更多的花蜜，因而个体数量也较多呢？同理，花管短的花朵会不会比花管稍长点的花朵更容易被蜂类采集花粉和花蜜，因此让种群更快速扩张呢？

人类用肉眼很难察觉自然界中生物间的细微差异，可对于动植物而言，一点点有益的变异都可能让它比其他个体更快获得食物，因此获得更多的生存机会，从而繁衍下去，并把这种细微差异遗传给后代。

达尔文通过仔细观察，发现了一个奇怪的现象，乍一看，红色三叶草和肉色三叶草花冠的长度、粗细相差无几，可野蜂能轻而易举地吸食到红色三叶草的花蜜，而蜜蜂却不能。蜜蜂只能吸食到肉色三叶草的花蜜。这是怎么回事呢？因为蜜蜂的口器实际上比野蜂稍微短了一点，而红色三叶草又比肉色三叶草的花冠长了一些，所以蜜蜂才够不着红色三叶草的花蜜。

另外，达尔文还发现，三叶草繁殖后代主要依靠蜂类为其传播花粉，倘若某一地区的野蜂很少，花管相对较短或者花冠裂较深的三叶草也能吸引蜜蜂来为其传粉，这对花朵而言极为有利。

生物的杂交优势

从林法则相当残酷，一头雄性小狮子可能在还不满两岁的时候就会被赶出狮群，你知道这是为什么吗？狮子是群居动物，一个狮群中往往只有一头或两头雄狮能做这个家族的大家长，从而统领整个狮群。

如果一头小雄狮长到可以生育的年龄还没有被分离出去，是没办法选择配偶的，因为狮族成员除了他的叔叔、阿姨，就是他的兄弟姐妹了。狮子们很聪明，它们也知道近亲繁殖会给家族带来危害。所以为了能让狮群成员健康繁衍，也为了小狮子能够学到更多本领，以后建立属于自己的领地，当它具备一定捕猎能力的时候，就会将它赶出狮群。

生物的杂交优势

自然界中的绝大部分动植物，若想要繁殖后代，都是通过交配来实现（不包括单性生殖）。饲养者们在选种育种方面比较有经验，他们普遍认为，通过杂交繁殖出来的动物比近亲交配繁殖出来的动物更强壮。为了验证这一观点，达尔文特地做了许多试验，结果证明，动植物通过不同变种间的杂交或是同一变种下不同品种的个体杂交繁殖出来的

后代更加强壮且有更强的生育力。而近亲交配产生的后代，其强壮性和生育能力都会减弱。

人类近亲结婚就是个鲜明的例子。过去，中国和其他一些国家还遵循着“同姓不通婚”的原则，即同姓堂亲之间不能结婚，因为近亲结婚会增加后代患病的概率。历史上，欧洲王室贵族成员认为自己的血统十分高贵，为了维持纯正的血统，他们会拒绝与外族通婚，而选择近亲结婚。虽然这可以让欧洲各国贵族成员的血缘关系十分近，但也会让他们的后代患上各种各样的遗传疾病，但当时，那些贵族还没有意识到近亲结婚的危害。

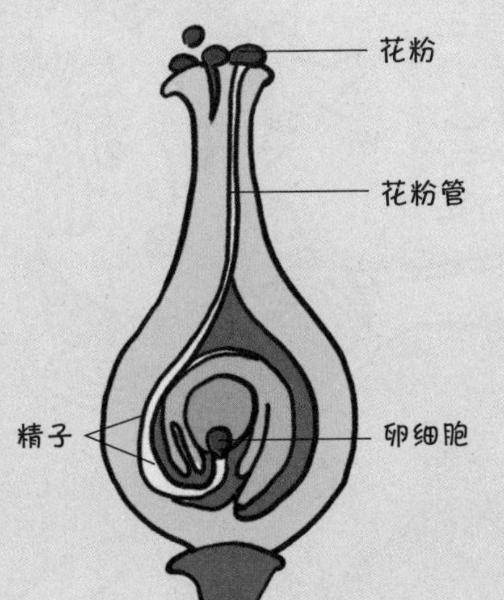

因此，一种生物如果想让自己的族类很好地繁衍下去，就不会选择与近亲交配来繁殖后代，它们会偶然地或有选择性地与另一个个体交配，以繁殖后代，这就是自然法则。

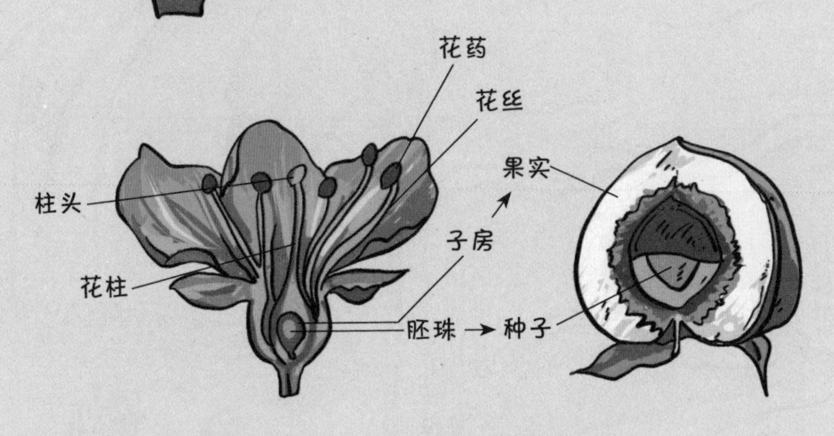

花朵杂交

培育花朵的园艺家们都知道，暴雨天气非常不利于花的传粉，但还是有大量的花朵会在恶劣的天气里盛开，将自己的粉囊和雌蕊柱头完全暴露在外，这是为什么呢？花朵暴露粉囊后，能够借助风和昆虫等外力把自己的雄花粉粒传送到异株花朵的雌蕊柱头上，雌蕊暴露柱头则能够接纳被传送过来的来自异株花朵上成熟的雄花粉粒。

当一朵花上的一颗成熟的雄性花粉粒落在了另一朵花的雌蕊柱头上，如果这颗雄花粉粒能被雌蕊柱头接受，便会萌发出花粉管。花粉管就像一条空心悠长的管道，而花粉粒会顺着这条管道滑下进入花朵的子房，进而完成受精。经过传粉和受精后，植物才能结出种子，繁衍更多后代。

花朵把自己完全暴露在外，其实是为了能够与其他花朵杂交，进而结种，然后繁育后代。

但一株植物上开出的花朵，当粉囊和雌蕊同时暴露在外时，也免不了把花粉弹落在自己的雌蕊柱头上，从而完成自体受精，因为一朵花上的花粉囊和柱头之间的距离实在太近了。

另外，蜜蜂也是帮助花朵传粉的得力助手，蜜蜂本身就像一把小毛刷子，它在花丛中采蜜时，能够将一朵花的花粉“刷”到另一朵花的柱头上，但有时也会将花朵自身的花粉掉落在自身的柱头上。

雌雄分化的植物

达尔文在自家花园里种植了一种很特别的亮毛半边莲，这种植物自我结构的精巧设计令达尔文都为之惊叹！在该花朵的柱头还未发育成熟之前，其花囊中的无数花粉粒就被全部推出去了，由于没有一只小蜜蜂会来光顾这些没有花粉的花朵，它们也就无法结出种子。当达尔文好奇地将一旁刚盛开的花朵的花粉放在另一朵花的柱头上时，亮毛半边莲便结出了许多种子，而且这些种子还培育出了许多幼苗。

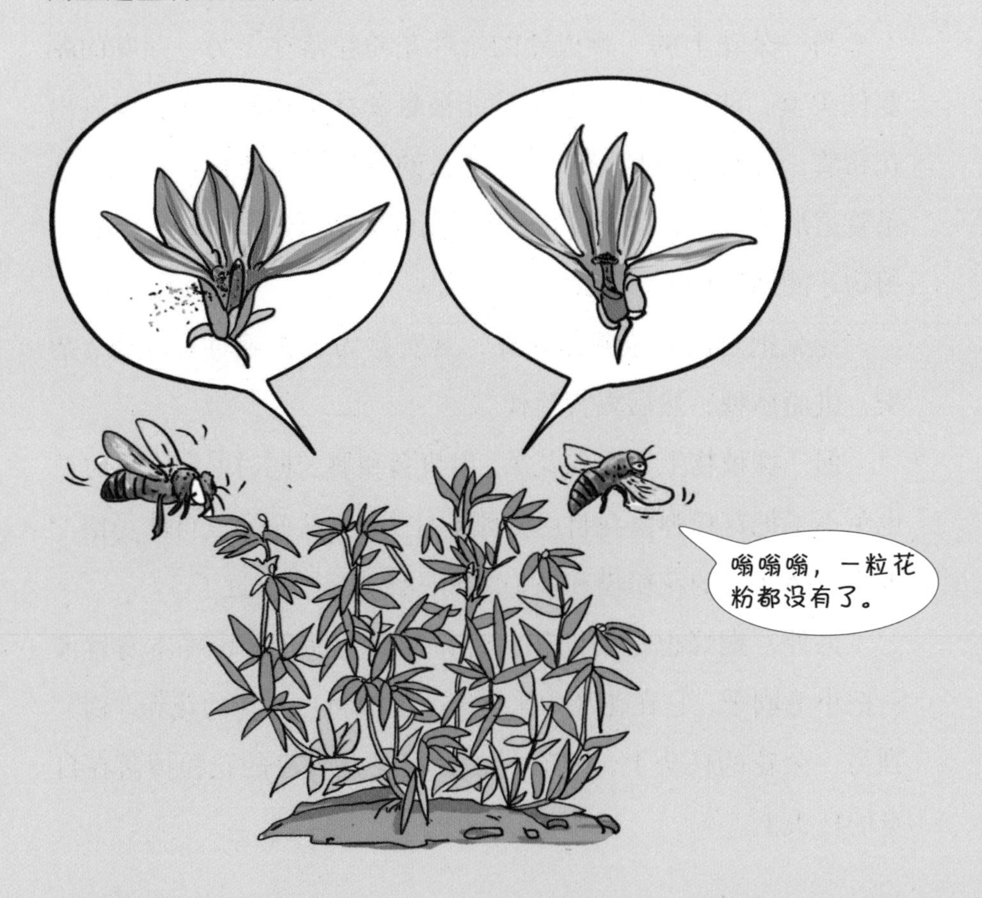

这听起来很神奇，难道植物身上暗藏着一道机关，可以阻止柱头触碰到自己的花粉吗？其实这是因为有些花朵的粉囊很早前就裂开，让花粉掉落了。还有些花朵的柱头赶在花粉尚未长成之前就已经发育成熟。这些植物其实是雌雄分化的，它们有如此奇特的构造，目的是进行异花授粉，从而通过杂交来繁育后代。

假如一棵大树上开满了花朵，花粉只能在这些花朵间传递，而不能由一棵树传向另一棵树，但这些花朵只能算同一个个体，因为它们都长在同一棵树上。对于这种情况，大自然有个很好的办法，那就是让这棵树开出雌雄分离的花朵，由于必须在花之间传播的，花粉也就有机会从一棵树被传送到另一棵树上去了。

性状分异原理

从前文中的介绍可知，一种生物的变种或正往物种方面发展的雏形种，和它们的亲本物种相比，差异不大，因此很多生物学家难以区分它们是物种还是变种，只有等到它们形成新物种时，与亲本物种的差异才会显而易见。

达尔文经过研究发现，物种的变种与亲本物种可能偶尔存在明显的差异，它的后代也可能出现比亲本物种更大的特征差

异，但用这种“偶然现象”来解释同种或者同属下不同种生物间的巨大差异，实在很勉强。

比如，同一犬种下的米格鲁猎兔犬和马尔济斯犬长相天差地别，同一豹属下的老虎、狮子和豹外貌差异更不用多说……这些差异难道都是偶然出现的吗？显然不是。那是什么原因导致的呢？让我们跟随达尔文，到家养动物中去寻找答案吧！

喜好不同的养鸽人

如果让几个养鸽人同时把自己最喜欢的鸽子拿出来展示一下，那你见到的鸽子肯定样貌迥异。每个养鸽人的喜好不同，还都希望自己养的鸽子独一无二，因此，这些养鸽人最喜爱的也一定是在他们看来最与众不同的鸽子。

一位养鸽人如果对喙部较长的鸽子感兴趣，可能会专门培

育一些长喙鸽。另一位养鸽人如果偏好喙部稍短的鸽子，那他也会想要培育一些短喙鸽子。经过一代又一代养鸽人的辛勤培育，长喙鸽的喙部越来越长，短喙鸽的喙部越来越短，最后变成了差异极大的两个品种！翻飞鸽的好几个亚种就是这样被培育出来的。

在饲养家鸽时，人们往往都会选择那些极端类型的鸽子，对于那些喙部不长也不短的鸽子，人们就很少关注和培育。

跑得快的马和力气大的马

历史上，一个地区的人为了战争需要，会挑选一批跑起来飞快的马作为战马；另一个地区的人为了运送货物，可能会专挑一些高大、强壮的马。这些马起初看起来没有太大差别，久而久之，一个地区的人连续选择跑得快的马；另一地区的人连

续选择力气大的马，慢慢地，两者之间的差异便越来越大，逐渐变成了两个亚种。若干年后，这些马最终分成了不同的类型。

而介于这两种类型之间的马呢？它们不太被人类需要，也就逐渐消亡了。

以上两个例子说明性状分异原理在人工选择中发挥的作用，它使两种生物之间的差异由最初的极小逐渐越拉越大。时间一久，各品种之间，以及各品种与它们共同亲本之间的性状差异就越来越大。

奇妙的“生命树”

1837 年 7 月的一天，达尔文像往常一样掏出一本红色笔记本，翻看自己写的关于物种进化的笔记。他思索了一会儿，忽然灵光一现，随即在上面画了一棵“树”的草图。

这棵树可不是我们常见的树，而是一棵能够展示不同物种在进化史上亲缘关系的树。利用树干和树的分支结构，达尔文向我们演示了一个物种诞生出许多分支物种的过程。另外，他还亲切地称这棵树为“生命树”。

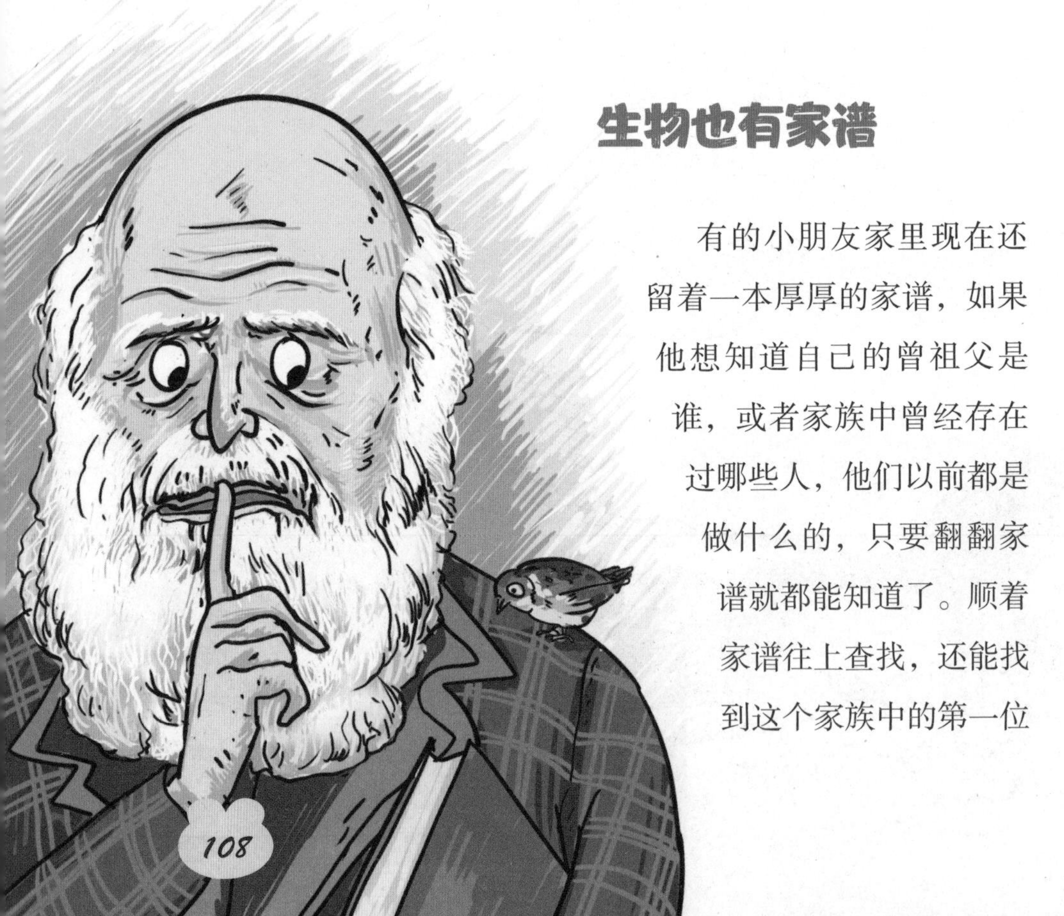

生物也有家谱

有的小朋友家里现在还留着一本厚厚的家谱，如果他想知道自己的曾祖父是谁，或者家族中曾经存在过哪些人，他们以前都是做什么的，只要翻翻家谱就都能知道了。顺着家谱往上查找，还能找到这个家族中的第一位大家长呢。

我们跟从达尔文的思路分析下去，发现大自然中的各种生物也有无形的家谱。

在生存斗争中，唯有更适应环境的生物才能生存下来，从而留下后代。

假如物种A在进化过程中的分布范围很广，后代中出现了多个变种，其中某些变种遗传了物种A的优势，发生了有利于自身的轻微变异，那么它们就能够被自然选择保留下来，成为优势物种，在该地区大量繁殖，并不断扩充物种A的种群数量。

即使它们所在地区的环境资源有限，而它们的后代也会被迫去寻找新的环境，并通过自然选择进行再次筛选，使适应环境者去新环境中生存。

达尔文说：“一个物种的数量越多，分布得越广泛，后代出现的变异也就越多”。自然选择将有利的变异保留下来并持续累积，此时性状分异原理就该登场了！

那些不断被保留有利变异的生物的分异度越大的，越具有多样性，也就越能占据更多地方，数量也会随之增加。根据性

状分异原理，逐渐地物种A的后代们彼此间的性状分歧越来越大，最后成了多个变种或新物种。

在经历上万年、上百万年甚至更久以后，物种A的子子孙孙就会“分道扬镳”，成为许多变种或者新物种，它们的性状和它们共同祖先物种A的产生了巨大差异，甚至完全不同了。

所以我们才能看到今天自然界中存在这么多种类丰富的生物。

达尔文由此推论，可能所有生物最初都仅有一个或少数几个共同祖先。

枝繁叶茂的生命树

达尔文的进化论表明了地球上的所有生物都是由共同的祖先进化而来的。为了更充分说明地球上生物的演变过程，达尔文还画了一棵“生命树”。

达尔文把所有动物的亲缘关系形象地用一张树状图来表示。

大树的根部代表了地球上出现最早的生物，也就是地球上所有生物的共同祖先。从根部出发向上的主干，以及主干上的每一个分支都代表一个物种。很多分支最后都走进了“死胡同”，代表它们已经灭亡，仅有少部分个体幸存下来继续繁衍。

因此这棵生命树，代表了地球上生命存在过的记录，大到大象，小到细菌，都能在这颗树上找到自己的位置。

这不是一棵普通的树，而是一棵时刻斗争的树！生命之树末梢上每一根看似柔软的枝条，都在努力向四面八方伸展着，拼尽全力想要取代或者消灭自己周围的小树枝和枝条。

强大的新芽开枝散叶，排挤掉了软弱的新芽（同种下，一个变种战胜其余变种），长成枝干后又排挤掉了原有的瘦弱枝条（新物种比亲本物种更加强大，取代或者消灭亲本物种）。那些枯萎、脱落的老树枝，代表已经灭绝的老物种。

达尔文相信，这棵“生命树”能够生生不息，充满活力，枝繁叶茂，生长出一顶美丽、繁盛的树冠。

生命树的枯枝败叶

如果像达尔文所形容的那样，随着“生命树”不断开枝散叶，生物的种类越来越丰富，未来的某一天地球上的生物数量会不会膨胀到地球所能承受的上限呢？毕竟地球就那么大，地球上的资源也是有限的。

“生命树”虽然枝繁叶茂，但它与自然中的树木一样，也有“枯枝败叶”。

如同人类不得不接受生命的尽头是死亡一样，当某个物种及其后代集体走向灭亡时，其演化进程也随之结束——这就是灭绝。

导致物种灭绝的原因有哪些呢？

我们反复强调过，一种生物出现变异后，自然选择会保存有利的变异。在生存环境有限的情况下，具有优势的物种总在排挤甚至消灭其他处于弱势的物种。如果一个物种没有演化出竞争优势，就可能被逼得走投无路。

环境的迅猛变化，如气温骤然下降或上升，可能使一些生物还未来得及靠发生变异来适应气候，就灭绝了。

海啸、火山喷发、泥石流、森林火灾等自然灾害也可能让某些本就数量稀少的物种遭遇灭绝。

另外，地球历史上还曾发生过五次大灭绝事件，其中二叠纪灭绝事件被视为地球发展史上规模最庞大的灭绝事件，它曾令地球上大

约 96% 的海洋物种和 75% 的陆地物种消失。而最后一次的白垩纪大灭绝事件更加广为人知，它导致了在地球上存活 1.6 亿年的恐龙家族从此灭绝。

无论是大灭绝还是小范围的灭绝，物种的灭绝都是不可避免的。在自然界中，有新的物种诞生，就必然会有一些老的物种消逝，这样地球才能继续稳健运转，地球上的生物和种类的数量才能保持平衡。

图书在版编目（CIP）数据

物种起源. 物种的诞生 / 张楠编著；梁红卫绘. --
北京：北京理工大学出版社，2024.1
（孩子们看得懂的科学经典）
ISBN 978-7-5763-2863-9

Ⅰ. ①物… Ⅱ. ①张… ②梁… Ⅲ. ①物种起源—少儿读物 Ⅳ. ①Q111.2-49

中国国家版本馆CIP数据核字（2023）第171702号

责任编辑：封　雪　　文案编辑：毛慧佳
责任校对：刘亚男　　责任印制：施胜娟

出版发行 / 北京理工大学出版社有限责任公司
社　　址 / 北京市丰台区四合庄路6号
邮　　编 / 100070
电　　话 /（010）68944451（大众售后服务热线）
（010）68912824（大众售后服务热线）
网　　址 / http: //www.bitpress.com.cn

版 印 次 / 2024年1月第1版第1次印刷
印　　刷 / 三河市嘉科万达彩色印刷有限公司
开　　本 / 710 mm × 1000 mm　1/16
印　　张 / 7.5
字　　数 / 73千字
定　　价 / 118.00元（全3册）